3D打印

蜀地一书生 著

从技术到商业实现

3D Printing

From
Technology
to
Business

U0322118

化学工业出版社

·北京·

这是一本人人都能看懂的3D打印的书，采用大话的形式，深入浅出地介绍了增材制造的概念、主流3D打印技术、3D打印的商业应用、3D打印的内容设计方法、3D打印机的硬件、各种3D打印的材料及应用领域、3D打印行业主要厂商，最后还介绍了3D打印对我国工业4.0的重大影响，内容包含了3D打印的方方面面，帮助读者全面了解3D打印。

如果你对3D打印有兴趣，这本书就适合你阅读。

图书在版编目（CIP）数据

3D打印：从技术到商业实现/蜀地一书生著． —北京：
化学工业出版社，2017.7
ISBN 978-7-122-29694-8

Ⅰ．①3… Ⅱ．①蜀… Ⅲ．①立体印刷-印刷术-普及读物 Ⅳ．①TS853-49

中国版本图书馆CIP数据核字（2017）第108689号

责任编辑：宋 辉　　　　　　　　　　　装帧设计：王晓宇
责任校对：王 静

出版发行：化学工业出版社（北京市东城区青年湖南街13号　邮政编码100011）
印　　装：北京方嘉彩色印刷有限责任公司
710mm×1000mm　1/16　印张13　字数179千字　2017年8月北京第1版第1次印刷

购书咨询：010-64518888（传真：010-64519686）　　售后服务：010-64518899
网　　址：http://www.cip.com.cn
凡购买本书，如有缺损质量问题，本社销售中心负责调换。

定　　价：58.00元

　　3D打印从2013年进入大众视野，各种媒体的宣传不断涌现，许多报道反而让3D打印蒙上了一层更加神秘的面纱。要么被神化成造物神器，要么被贬低为华而不实，这对3D打印技术的发展反而造成了伤害。

　　因此，写一本"让人人都能看懂3D打印的书"是笔者的初衷。高新技术更需要幽默文笔，简单描述才能更加普及。本书并非学术著作，当成通俗小说来看，看完乐一乐，同时了解3D打印，若能如此，则不负笔者初心。

　　本书的内容涵盖范围较广：从3D打印技术的起源讲起，剖析了增材制造技术对制造业带来的变革，系统介绍了主流的3D打印技术（包括热门的金属3D打印技术），然后结合具体案例分析3D打印在各行各业的应用前景以及商业机会，并通过拆机的方式让大家对3D打印机这样的"神器"有一个形象直观的认识。

　　书中用较大篇幅介绍了3D打印的两个核心问题：3D内容和打印材料，这两个问题是3D打印发展的主要瓶颈。在3D内容领域，笔者结合自己多年的工作经历总结了主要的内容创建途径，并探讨了解决3D内容问题的思路和方法。在3D打印材料领域，笔者客观陈述了材料发展的现状，让更多人走出3D打印材料太少、太单一的认识误区，增强对3D打印技术的信心。这两章图文并茂、视角独特、观点新颖，是本书的重点。

　　3D打印源自制造业，也必将回归制造业，制造业是立国之本、兴国之器、强国之基。笔者最后分析了3D打印跟工业4.0的关系，增材制造和智能制造的关系，让读者对3D打印的未来充满期待。

　　后记是一篇有趣的文章，就让小明同学代表我们，体验一下未来时代3D打印、虚拟现实、智能制造的生活场景吧！

　　感谢化学工业出版社能够出版此书，让更多读者了解这项技术并参与其中。需要说明的是，书中观点仅为书生一家之言，欢迎有不同见解的读者一起讨论交流。

本书编写得到了罗成超、王芳芳、李彩霞、廖益、张华舸的帮助，在此表示感谢。

更感谢广大读者，你们，一直是书生坚持科普的原动力。

欢迎关注书生微信：qiushuiyinma

蜀地一书生

目 录

1 ——————— 第1章　3D打印，从糖画说起

5 ——————— 第2章　增材制造，为改变制造业而生

6 ———— 2.1　瓶颈一：传统制造方法的材料浪费

8 ———— 2.2　瓶颈二：传统制造很难实现个性化定制

14 ———— 2.3　瓶颈三：传统制造对创新和创意的限制

22 ——————— 第3章　主流3D打印技术简介

23 ———— 3.1　熔融沉积快速成型技术（FDM）

25 ———— 3.2　光固化成型技术（SLA）

27 ———— 3.3　三维粉末粘接技术（3DP）

29 ———— 3.4　选择性激光烧结技术（SLS）

31 ———— 3.5　选择性激光熔融技术（SLM）

33 ———— 3.6　激光近净成形技术（LENS）

34 ———— 3.7　聚合物喷射技术（PolyJet）

35 ———— 3.8　多射流熔融技术（MJF）

37 ———— 3.9　连续液体界面生产技术（CLIP）

40 —————— 第4章　曙光在前，应用决定成败

42 ————— 4.1　传统方法无法或者很难制造的产品

46 ————— 4.2　产品原型样件制造

49 ————— 4.3　个性化定制的产品

57 ————— 4.4　对成本不敏感的领域

64 ————— 4.5　跳出制造业

70 —————— 第5章　3D打印，内容先行

71 ————— 5.1　设计和创造

83 ————— 5.2　拷贝和复制

95 ————— 5.3　利用公共资源

101 ————— 5.4　3D内容的知识产权问题

103 —————— 第6章　神器不神奇，拆机看3D打印

105 ————— 6.1　桌面级3D打印机

114 ————— 6.2　光固化3D打印机

117 —————— 6.3　工业级 3D 打印机

124 —————— 6.4　增减材混合机床

125 —————— 6.5　其他 3D 打印机

130 —————— **第7章　有料没料，关键看材料**

132 —————— 7.1　工程塑料

136 —————— 7.2　生物塑料

139 —————— 7.3　热固性塑料

140 —————— 7.4　光敏树脂

142 —————— 7.5　金属材料

148 —————— 7.6　其他材料

154 —————— **第8章　3D打印江湖，谁为武林盟主**

155 —————— 8.1　3D打印硬件

175 —————— 8.2　3D打印技术服务

179 —————— 8.3　3D打印软件

183 ———————— 第9章 3D打印与工业4.0

192 ———————— 后记 小明同学在2045年的一天

200 ———————— 参考文献

第 1 章
3D 打印，从糖画说起

3D printing: 3D 打印：从技术到商业实现
from technology to business

十几年之前，那时候书生还在CAD（计算机辅助设计）行业做技术支持，去海南参加一个国外厂商组织的行业会议，会间休息时看见展台旁边摆了一台正方形的机器，不停地如蜘蛛吐丝般地往外吐材料，大约半小时之后一位同事拿了个黑不溜秋看似塑料材质的活动扳手过来，说这就是那台机器打印出来的，不用组装就能活动调节卡口的大小。于是拿过来把玩了一下，虽然表面不太光滑，但的确可以活动，心想这个还有点意思。

图1-1　3D打印的活动扳手

当时打印出来的东东大概就是这个样子（图1-1）。

虽然十几年前就接触了3D打印，但当时也仅仅是觉得有点意思而已。不仅是我，我们这些制造业数字化信息化领域的从业者，也没有几个人对这个技术有太大的兴趣。那时候国内连3D设计都刚起步不久，我们这群人天南海北到处推销三维CAD软件，大多数客户连3D的基本概念都没有，作为技术支持的我们虽然名片上印的头衔都是技术经理咨询顾问，其实主要工作就是扫盲。

直到有一天，具体来说就是2013年2月13日，美国总统奥巴马发表了新任期内的首份国情咨文，在这份国情咨文里奥巴马绘制了一份完整的经济蓝图，其中有两个新变化：一是鼓励产业回归，二是重视3D打印技术（图1-2）。

3D打印技术就这样走入全球民众的视野，让这项有些古老的技术重新焕发青春，彻底咸鱼翻身。这项技术长远来说可能会拯救制造业，但当时就拯救了美国3D Syssems、Stratasys这些岌岌可危的上市公司，以及大洋彼岸在苦苦支撑濒临倒闭的中国3D打印企业。一夜之间，凡是跟3D打印沾点边的公司股价无一例外全部暴涨，幸福来得猝不及防。最搞笑的是连机床制造这种跟3D打印是竞争关系的行业都大涨了好几天！这一次不仅做到了鸡犬升天，而且实现了雨露均沾。

图1-2　3D打印

所以推动产业发展的最大力量是政府，无数人衷心感谢"洋雷锋"奥巴马同志！

之所以说3D打印技术是一项有些古老的技术，是因为它起步于20世纪70年代末，已经有30几年的发展历史了，以下是一些重要的里程碑：

■1979年，美国科学家RF Housholder获得类似"快速成型"技术的专利，但没有被商业化。

■1986年，美国人查尔斯·赫尔（Charles Hull）创办了世界上第一家3D打印技术公司3D Systems。

■1988年，美国人斯科特·克伦普（Scott Crump）发明了FDM（熔融沉积成型）技术，并于1989年成立了3D打印公司Stratasys。

■1993年，麻省理工学院获3D印刷技术（3DP）专利。

■1995年，美国ZCorp公司从麻省理工学院获得3DP专利的唯一授权并开始开发3D打印机。

■2005年，市场上首个高清晰彩色3D打印机Spectrum Z510由ZCorp公司研制成功。

后面的事大家基本都知道，书生就不在这里赘述了。反正2005年以后3D打印技术快速发展，成功实现大规模商业化，2013年在美国政府的热捧之下成为科技界万众瞩目的网红，就是这么个过程。

3D打印的理论和技术起源于美国，这没有异议。但要说普及和应用，我们中国绝对是最早开始的，如图1-3所示。

图1-3　中国的糖画

这张图相信每位60后70后甚至80后的记忆里都有，这看起来跟3D打印这种高大上的技术没有任何相关性，但其本质是一样的，都是增材制造——通过材料堆积形成物体。

回顾一下做糖画的过程：融化的糖汁用小勺舀起，然后在平板上绘制图案，层层堆积形成一个个有厚度的造型：龙、凤、鱼、猴等各种飞禽走兽，一气呵成且不浪费一滴糖汁！这就是典型的3D打印过程。

再往前追溯，在中国传统神话故事《神笔马良》里，穷苦孩子马良拥有一支所画即所得的神笔："他用笔画了一只鸟，鸟扑扑翅膀，飞到天上去，对他叽叽喳喳地唱起歌来。他用笔画了一条鱼，鱼弯弯尾巴，游进水里去，对他一摇一摆地跳起舞来"。"神笔马良"的部分描述，很符合3D打印技术创造万物的特性，也描绘了3D打印技术发展的无限可能。

第**2**章

增材制造，为改变制造业而生

3D printing: 3D 打印：从技术到商业实现
from technology to business

其实"增材制造"才是3D打印的真名，"3D打印"这个词是为了方便大众理解这项技术而创造的别名。

增材制造（Additive Manufacturing）技术是采用材料逐渐累加的方法制造产品的技术。相对于传统的去除材料、切削加工的技术，是一种创新的产品制造技术。增材制造不需要传统的刀具、夹具以及多道加工工序，可快速精密地制造出任意复杂形状的物体，从而实现了"自由制造"，解决了许多复杂结构物体的成形难题，减少了加工工序，缩短了加工周期。而且产品结构越复杂，其制造优势就越显著。

不得不说"3D打印"这个别名取得非常通俗易懂，一下子就让人记住的同时自然而然产生联想：打印是平面的，3D打印自然就是立体的啰。

虽然3D打印技术现在衍生出了各种各样的应用方向，如制造、创意、医疗、生物、艺术、建筑等等，似乎包罗万象无所不能，然而这项技术诞生之初，其目的毫无疑问是要解决传统制造技术的瓶颈问题。

那么问题就来了：传统制造技术有哪些瓶颈呢？作为一名理工男，也做过近10年的工程师，书生虽不敢妄称专家，但还是可以从几个方面谈一些自己的理解和体会。

2.1 瓶颈一：传统制造方法的材料浪费

既然3D打印叫"增材制造"，那么传统的制造方法可以对应叫做"减材制造"，即通过去除材料的方法进行制造。为方便大家理解，我拿最常见的螺栓举个例子：

见图2-1，以这颗螺栓为例，通过去除材料的方式将毛坯加工成成品，材料浪费大约在15% ~ 20%，这意味着有五分之一左右的材料变成了铁屑，这对制造企业而言是很大的成本。要知道中国制造业平均的利润率不到5%，如果能节省这部分材料，利润率肯定会有所

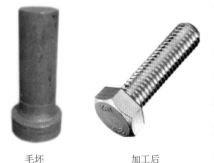

毛坯　　　　　加工后

图2-1　螺栓的毛坯和成品

提高。

　　再举一个极端的例子：钛合金大型整体构件（图2-2）是飞机的重要组成部分，采用传统方法制造这样的产品是做"减法"：首先要制作大型锻造模具，然后用压力达几万吨的水压机进行毛坯锻造，最后对毛坯进行大量切削加工，猜一下要切除掉多少材料才能得到成品吗？90%！90%的材料都要被切削浪费掉。

图2-2　钛合金大型整体构件

　　这可是钛合金啊！如果说普通的钢铁浪费一点还能承受，钛合金这种贵重金属如此浪费，即使是飞机这种对成本不敏感的产品，也一样会觉得肉疼。可能有人会说这些铁屑之类的材料不是可以回收利用的吗，怎么会浪费呢？实际上很多企业也在试图回收这些材料，但是回收的成本太高，经济上不可行，大多还是低价处理掉或者当垃圾扔掉。

　　雷军2014年在小米手机发布会上有一段"一款钢板的艺术之旅"的主题演讲，完整演示了一块钢板变成手机壳的减材制造过程（图2-3），能把最简单的加工制造说得这么清新脱俗，不得不佩服小米的品牌包装能力。感兴趣的可以自己上网找视频看看。

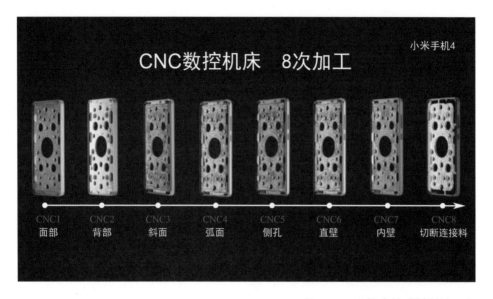

图2-3　手机壳的减材制造工序

　　理想状态的制造应该是没有材料浪费的制造，这就是增材制造（3D打印）的终极目标。增材制造采用材料逐渐累加的方法制造产品，需要多少材料就使用多少材料，增之一分则太长，减之一分则太短。

2.2　瓶颈二：传统制造很难实现个性化定制

　　除了材料浪费之外，传统制造方式的每一个步骤都会产生成本，通过批量生产和大规模制造，这些成本被分摊到可以接受的范围之内，形成了价廉物美的产品。因此大批量制造是传统制造业成功的关键。

　　正如硬币的正反面，这也恰恰是其短板和瓶颈。

　　看惯了千篇一律的产品，很多人越来越喜欢个性化的产品，从汽车到手机，从房屋到珠宝，个性化消费的趋势越来越明显，与众不同已成为这个时代的标签。

　　消费的趋势要求制造业必须响应个性化的需求，制造业也不断在往这个方向进化，柔性生产、工业4.0、智能制造等概念层出不穷，但传统的制造业很难解决这个问题，除非来一场彻底的革命。

原因何在？现代制造业本身就是建立在批量生产理论基础之上的。这得从制造业的发展史说起：工业革命以后，以机器代替人力成为生产的主要方式，大大促进了生产力的发展，并形成了现代意义上的制造业。20世纪初，美国福特汽车公司在底特律建立了世界上第一条自动生产线，标志着大批量生产方式的开始［图2-4（a）］。在大批量生产方式下，产品制造逐渐标准化，多数从业人员不再需要很高的技术水平，而只需进行简单的培训即可上线工作。这种生产方式大大缩短了生产周期，提高了生产效率，降低了生产成本，并使产品质量容易得到保证。大批量生产方式的推行，促进了生产力的巨大发展，使美国一跃成为世界一流经济强国。大批量生产方式也成为先进生产力的代表和当代工业化的象征。

现在，日常生活中用到的各种产品都是在流水线上大批量生产出来的［图2-4（b）］，可以说没有大批量生产就没有现代制造业。然而大批量和个性化本质上是互相冲突的，这是先天性缺陷，是基因问题。

因此从可行性上讲，传统制造业只能实现基于规模性制造基础上的适度定制需求，听起来有点拗口，简写一下大家可能就听说过了——大规模定制。

大规模定制的基本思想是把产品的定制生产问题全部或者部分转化为批量生产，以大规模生产的成本和速度，为单个客户或小批量多品种市场定制任意数量的产品。看吧！不管怎么绕来绕去，最终还是得有批量才行。

典型的例子就是汽车的车型配置，你可以从可供选择的列表中选择进口还是国产的发动机、手动还是自动的变速箱、真皮还是布料座椅、带或者不带天窗，从而形成一款你需要的车型。但这些选择的条件是固定的，是有限的，如果你要汽车厂按你的想法让给你设计汽车的外观（图2-5），汽车厂肯定不会理你。

(a) 最早的汽车生产流水线

(b) 现代化的汽车生产流水线

图2-4　汽车生产流水线

图2-5　你想要的汽车

再来看一个服装制造行业大规模定制的例子：

著名的服装品牌优衣库2015年上线了一个网上虚拟试衣的系统（图2-6），以一个虚拟的模特为模板，输入自己的身高体重及三围尺寸，可以生成一个与你的体型基本一致的人体模型，然后你就可以选择衣服裤子裙子，挑选喜欢的颜色和尺码，实时看到衣服穿到身上的效果（模特是3D的，你可以360度看到试穿的效果）。试穿之后觉得满意的话就可以直接跳转到优衣库的天猫旗舰店去购买了。

很贴心的服务！感兴趣的可以去优衣库的官方网站体验一下。虚拟试衣绝对是一个有很好机会的行业，但是目前还没看到真正成功的例子，优衣库在技术上是实现了，但视觉效果和真实感还是不足。而且这个例子实际上也是有限定制的概念，虽然输入的三围尺寸是任意的，但挑选的衣服的颜色、尺码却是固定的，也就是说你选择的实际是已经制造好放在库房里的衣服，只是推荐了一件最合适的衣服给你而已。

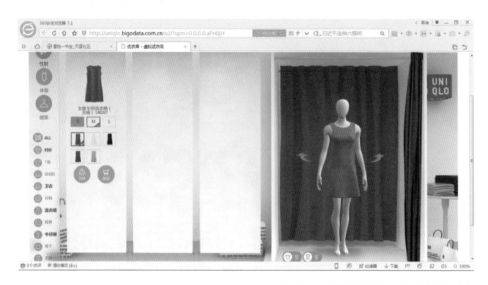

图2-6　优衣库的3D虚拟试衣系统

　　那么3D打印可不可以解决个性化定制问题呢？我觉得一定程度上可以，有些行业可以、有些行业不可以（在后面我会挑选几个行业进行具体分析）。就服装行业而言，不太可能。衣服的面料问题3D打印没法解决，不仅现在没法解决，未来一二十年也很难解决。现在3D打印的服装不仅欠缺美感而且舒适性不佳，其视觉效果近似披了张渔网或者穿了串沐浴球在身上（图2-7），见诸报端的3D打印服装的新闻基本都是噱头，可以理解为一种行为艺术。

　　有人可能会说，不是有报道称国外某家公司已经发明了衣服3D打印机并且已经在销售3D打印的衣服了吗？这种把衣服编织机命名为3D打印机的行为，其实就是蹭热点，也可以叫做凑热闹。

　　至于想量身定做一件真正适合自己的衣服，还是找个裁缝比较靠谱……

图2-7 3D打印的服装

2.3 瓶颈三：传统制造对创新和创意的限制

我们看到和用到的产品，几乎都是基于可制造性前提而生产出来的产品，可制造的概念有两个方面：一是技术上的可制造性，这由制造设备（如数控机床）来决定的；二是经济上的可制造性，这由生产成本所决定。设计者从产品概念设计开始就必须考虑可制造性的问题，再好的设计，如果不能满足可制造性要求，就不会被制造出来，更不可能上市销售。

想当年我们这群学汽车设计的大学生，个个都年少轻狂充满奇思妙想，每个人都梦想设计一款独一无二的汽车。外观炫酷、不用烧油、跋山涉水如履平地，这些都曾经出现在我们天马行空的设计方案里。然而老师一句话：幼稚！没有一点可行性！热情瞬间熄灭……

毕业后进了汽车设计公司，满心欢喜以为终于可以实现设计梦想，于是在设计方案里总喜欢多一点原创，把乔治亚罗作为自己的榜样，造型兼具东西方美学之所长。然而老板一句话：主意不错，可是客户已经给出了参考车型，不需要原创！热情再一次熄灭……

理想很丰满，现实很骨感。由于制造技术的限制，扼杀了无数美好的想法和创意。20年之后，我们当年看似不可行的想法随着技术的进步都逐渐成为了现实（图2-8、图2-9）：电动汽车、无人驾驶、水陆两栖……然而20年时间太长了，长到我们都已经人到中年，再没有当年的激情和创意了。

图2-8　Google无人驾驶汽车

图2-9　特斯拉电动汽车

图2-10　3D打印实现创意

　　3D打印技术的出现突破了传统制造技术的诸多约束，从而让很多的奇思妙想成为可能。只要把创意在电脑里设计出来，然后接上3D打印机打印出来，你的想法就会变成实物呈现在面前（图2-10）。

　　3D打印事实上已经将很多看似不可能的创意变成了现实：一款莫比乌斯环造型的首饰，一双完全适合足部形状的跑鞋，一颗跟牙床完美贴合的假牙，一段没有焊缝的大型钛合金框架……这些通过传统方式很难制造出来的产品，通过3D打印实现起来一点都不难。

　　正因为这样的创造力，3D打印一出现就被冠以"制造业颠覆者"的头衔，甚至被捧为"第四次工业革命的重要标志"。看起来3D打印似乎无所不能，革掉传统制造业的命指日可待。但真的是这样吗？非也！

　　3D打印在节省材料、个性化定制产品、实现创意这些方面固然有先天的优势，但在更多方面如生产效率、打印材料、零件强度、应用领域等等跟传统制造业完全没法相比。对此我们必须要有理性的认识。

比较客观的说法，3D打印是传统制造业的改良者而非颠覆者，两者是互补关系而非竞争关系。这种互补的优势在很多行业已经得到了实际验证，如航空航天、军事工业、汽车、消费品等领域，3D打印快速实现创意，然后通过批量制造实现普及。

在将来的某一天这种互补关系也许会转变为竞争关系，但现在和未来很长一段时间都不太可能。竞争是基于两个实力相近的情况而言的，现阶段的3D打印相比于传统制造业，更像是一个婴儿，两者完全不是一个级别的：2015年仅中国制造业的产值就达到数十万亿人民币，而全世界3D打印行业的总产值才50亿美元，折算成人民币也就300多亿的规模，还不如一家大型制造企业的产值。

很多媒体关于3D打印的报道和观点滑稽而可笑：打印个外壳装在汽车底盘上就宣称3D打印了一辆汽车，打印个涡轮叶片就号称打印了一台飞机发动机，打印出来一把手枪就担心会危害公共安全……而事实却是这样：澳大利亚新南威尔士州警方对全世界首支3D打印手枪"解放者（Liberator）"（图2-11）进行测试，结果发现这把枪完全不适宜使用，不仅准头差，而且极易炸膛。

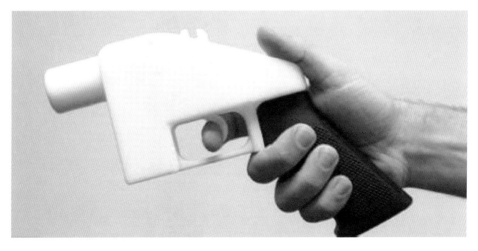

图2-11 3D打印的手枪"解放者"

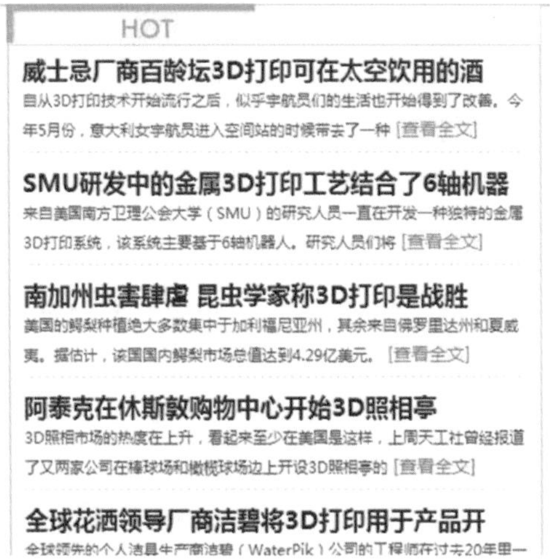
HOT

威士忌厂商百龄坛3D打印可在太空饮用的酒

自从3D打印技术开始流行之后，似乎宇航员们的生活也开始得到了改善。今年5月份，意大利女宇航员进入空间站的时候带去了一种 [查看全文]

SMU研发中的金属3D打印工艺结合了6轴机器

来自美国南方卫理公会大学（SMU）的研究人员一直在开发一种独特的金属3D打印系统，该系统主要基于6轴机器人。研究人员们将 [查看全文]

南加州虫害肆虐 昆虫学家称3D打印是战胜

美国的鳄梨种植绝大多数集中于加利福尼亚州，其余来自佛罗里达州和夏威夷。据估计，该国国内鳄梨市场总值达到4.29亿美元。[查看全文]

阿泰克在休斯敦购物中心开始3D照相亭

3D照相市场的热度在上升，看起来至少在美国是这样，上周天工社曾经报道了又两家公司在棒球场和橄榄球场边上开设3D照相亭的 [查看全文]

全球花洒领导厂商洁碧将3D打印用于产品开

全球领先的个人洁具生产商洁碧（WaterPik）公司的工程师在过去20年里一

图2–12　某3D打印的资讯网站

可以这么说，3D打印一把枪既费时又费力，还可能走火炸膛，没来得及危害“公共安全”，就已经先危害“自身安全”了。相比之下，去黑市上买一把简单多了。

随便打开一个3D打印的资讯网站，画风是这样的（图2–12），大家围观一下。

又能打印酒又能治虫害的，真当3D打印是万能钥匙和灵丹妙药啊，这些标题党让人说什么好呢？有一种伤害叫做“捧杀”，3D打印再这么宣传下去，真的快被毁了。有个朋友开玩笑说文科生不应该去做科技媒体的记者，专业知识的匮乏导致他们不明就里只能人云亦云，文学创作的习惯又让他们常常使用联想和夸张的手法，这个观点是否正确？我不予置评。

对于3D打印这样一个有可能成长为巨人的孩子，欧美各国的做法值得借鉴：坚持战略性的长期投资，政府、学校、企业都围绕3D打印开展技术和应用领域的探索，并将科技成果快速转化推广，利用3D打印的发展来吸引产业回归和制造业升级。美国和德国在3D打印技术发展领域成果斐然，跟政府在政策上的大力扶持和合理引导是密不可分的。

作为全球制造业第一大国的中国，国家层面对于3D打印也是非常重视，先后发布了《国家增材制造产业发展推进计划》、《中国制造 2025》等政策性文件，增材制造被提升到国家战略高度。

然而在实施落地层面，我们更多的还是在追逐短期利益，看似红红火火，实际没有核心技术，发展难以持续，一阵喧嚣之后，只剩一地鸡毛。

这样拔苗助长的做法，孩子还没长大，估计就快夭折了（图2–13）。

即使是这样对短期利益的追逐，能真正赚到真金白银的人也不多。以大家最为熟悉的3D照相馆为例，从2013年年初中国首家3D照相馆在北京开业之后，全国各大城市如雨后春笋般地冒出来近百家3D照相馆，动辄百万以上的投资根本挡不住民间资本的热情，投资者蜂拥而至，每家3D照相馆无一例外成为媒体报道的焦点，当明星的感觉真爽！

图2-13　拔苗助长

越是狂热越需要理性。很少有人去想一个根本性的问题：到底有几个消费者愿意掏数百上千元来做一个自己的3D人像？而且五官模糊，皮肤粗糙，比捏的泥人也好不了多少。这个年代，朋友圈里任何一个女生发的自拍照，无一不是精挑细选拍照角度、拍完还要美白修图。3D照相以为真实还原是卖点，在我看来越接近真人，越没有市场。

可以毫不客气地说，指望3D照相馆本身的业务来赚钱，在现阶段几乎是不可能的。但是如果作为附加服务，在特殊的领域带来增值的效益，这种商业模式还是可行的。

书生一个朋友是做婚纱摄影和婚礼策划服务的，3D打印技术出来之后，他把为新人打印3D人像加入到服务套餐作为可选项目之一，由于身处一线城市，结婚的人群对价格的敏感度不高，选择这项服务的比例还是蛮高的。这哥们有单就外包给别人去打印，倒也能挣些差价。关键是通过这项附加服务拉动了他的婚庆生意，新人们都觉得他的公司有创意和特色，在选择时就有倾向性。

类似的商机应该还有不少，大家自行琢磨。

图2-14是深圳一家3D照相馆的报价（这是2014年的，现在可能有所下降），大家围观一下。

深圳一家3D打印机体验馆全彩成品报价

尺寸	价格	尺寸	价格
12cm	1480元	22cm	3180元
15cm	1880元	25cm	3880元
18cm	2280元	30cm	4880元
20cm	2680元	36cm	8880元

图2-14 3D打印人像的报价表

书生观点

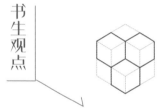

如果价格降不到百元以内，3D照相馆不可能有普遍性需求。奉劝还想进入这个行业的朋友，别听以卖设备给你为目的的品牌加盟商忽悠，趁早断了念头！

另一个看起来热闹的想不赚钱都难的生意是卖3D打印机，概念这么火热，关注的人这么多，需求这么旺盛，机器大卖应该是水到渠成的事。

市场研究公司Gartner预计：3D打印机短期难以进入家用市场。这就意味着主要的机器采购客户不是普通消费者，而是政府、学校、企业客户。

所以卖机器这件事情的商业价值还是有的，有兴趣的朋友可以关注一下，书生给几点建议：

① 重点不要放在个人用户，学校是非常好的市场；

② 销售工业级的机器（图2-15）机会更大，利润更高；

（a）工业级 3D 打印机　　　　　　　　（b）消费级 3D 打印机

图 2-15　工业级 3D 打印机和消费级 3D 打印机

③ 尽可能代理大品牌的 3D 打印机。

别以为做代理商就是为别人做嫁衣，做得好一样会发展成大生意，这里就有一个现成的榜样：杭州先临三维。

这家公司是新三板资本市场的明星企业，目前市值接近 17 亿人民币。然而早些年杭州先临三维的主要业务之一，就是代理国外的 3D 打印机，并兼着做一些 3D 打印相关的技术服务。2012 年书生到这家公司去参观过，那时候公司还没上市，办公环境看起来一般，也没见到什么高精尖技术，倒是看到了好几台当时比较少见的国外品牌的工业级 3D 打印机。2014 年上市以后就完全不同了，在资本的推动下先临三维的技术进步和业务发展可以说是一日千里。

所以说先卖几年机器也没什么不好，完成原始积累之后再自主创新不迟。

第**3**章
主流3D打印技术简介

3D打印技术经过三十几年的发展，出现了许多不同的技术路线。大浪淘沙之后，目前应用比较广泛的3D打印技术，主要有以下几种。

3.1 熔融沉积快速成型技术（FDM）

熔融沉积快速成型技术（FDM）是目前最普及最常见的3D打印技术。如图3-1所示，它的原理是将丝状热熔性材料（通常是塑料线材）加热融化，通过带有一个微细喷嘴的喷头（打印头）喷挤出来。融化后的热熔性材料沉积在工作台或者前一层已固化的材料上，温度低于固化温度后材料开始固化，通过材料的层层堆积形成最终成品。

简言之就是把塑料线材融化了一层层堆起来形成立体的产品，打印过程听起来比较复杂，其实用八个字就可以基本描述清楚——"春蚕吐丝，堆丝成茧"。

这么一形容有人恍然大悟："原来春蚕就是一台天然的3D打印机啊！"，嗯，要这么说蜘蛛也是……

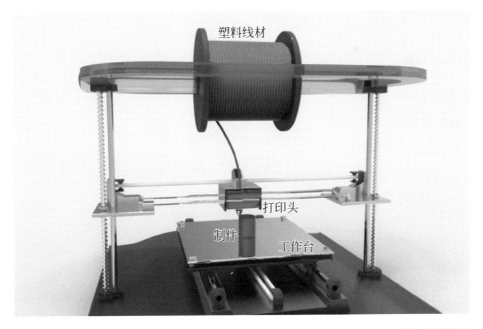

图3-1 FDM 3D打印原理图

在所有的3D打印技术中，FDM的机械结构最简单，设计也最容易，制造成本、维护成本和材料成本也最低，便宜才是硬道理，因此也是在桌面级3D打印机中使用得最多的技术。

FDM技术的桌面级3D打印机主要以塑料作为打印材料，用得最普遍的是ABS和PLA两种。ABS强度较高，制作时异味严重，必须拥有良好通风的环境，此外热收缩性较大，容易翘曲变形，影响成品精度。PLA是一种生物可分解塑料，无毒性，环保，制作时几乎无味，成品形变也较小，所以目前国外主流桌面级3D打印机主要使用PLA作为材料。这几年随着技术的不断进步，尼龙、PC等材料的使用也越来越多。

FDM打印出来的物件如图3-2所示，表面分层的纹理比较明显，目前市面上见到的桌面级机器的最高打印精度基本都是0.05毫米左右。

优缺点

FDM的优势在于结构简单成本低廉。
不足之处是精度不高。

图3-2　FDM 3D打印的样品

图3-3　电商平台销售的FDM 3D打印机

　　大多数面向个人用户的3D打印机都采用FDM技术，淘宝和京东上卖的打印机差不多都是这个类型（图3-3）。

3.2　光固化成型技术（SLA）

　　光固化快速成型技术（SLA）是最早发展起来的快速成型（3D打印）技术，也是目前研究最深入、技术最成熟、应用最广泛的3D打印技术之一。

　　SLA主要使用光敏树脂为材料，其原理是计算机控制激光束对光敏树脂的表面进行逐点扫描，被扫描区域的树脂薄层产生光聚合反应而固化，形成零件的一个薄层。工作台下移一个层厚的距离，以便固化好的树脂表面再敷上一层新的液态树脂，进行下一层的扫描加工，如此反复，直到形成最终成品。原理图见图3-4所示。

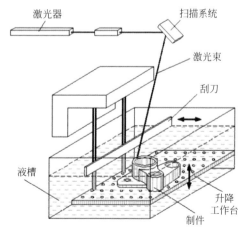

图3-4　SLA 3D打印原理图

优缺点

SLA的技术优势：

成型速度快，自动化程度高，可成形任意复杂形状，尺寸精度高，主要应用于复杂、高精度的精细工件快速成型。使用SLA技术的工业级3D打印机，最著名的是Objet，该制造商的3D打印机提供超过100种感光材料，是目前支持材料最多的3D打印设备。

不足之处：首先光敏树脂原料有一定的毒性，操作人员使用时需要注意防护，其次光固化成型的原型在外观方面非常好，但是强度方面尚不能与真正的制成品相比，一般主要用于原型设计验证方面，也就是打打样品。

SLA打印出来的物件如图3-5所示，表面光洁，透光性较好。

SLA打印机的设备成本、维护成本和材料成本都比较高，目前主要在工业领域应用。桌面级的SLA打印机也有一些，比较出名的机型是美国Formlabs公司的Form系列，国产的SLA机型（图3-6）这两年也已经出来了几款，淘宝和京东上也有销售，感兴趣的可以去了解一下。

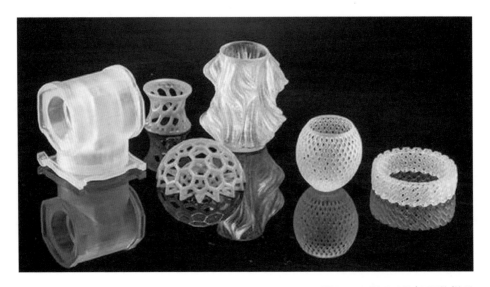

图3-5　SLA 3D打印的样品

图3-6　SLA 3D打印机

跟SLA类似的DLP（数字光处理）3D打印技术这几年也比较热门，两者的打印原理和打印材料基本相同。不同之处在于：SLA使用的是激光头，是点到线、线到面逐渐成型的过程；DLP用的是投影仪的数字光源，一扫就成型一个面，所以DLP的打印速度更快一些。

3.3　三维粉末粘接技术（3DP）

三维粉末粘接技术又被称作"三维印刷"，1993年由美国麻省理工大学（MIT）开发成功，是出现很早的一种3D打印技术，也是世界上最早的全彩色3D打印技术。3DP的打印原料为粉末材料，需要具备材料成型性好、成型强度高、粉末粒径较小、滚动性好、干燥硬化快等性质，可以使用的材料包括石膏粉末、陶瓷粉末、淀粉、热塑材料、金属粉末等。

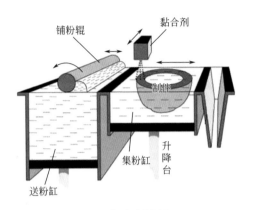

铺粉辊

黏合剂

制件

集粉缸

升降台

送粉缸

图 3-7　3DP 3D 打印原理图

3DP 从工作原理来看与传统二维喷墨打印非常接近（图 3-7），先铺一层粉末，然后使用喷嘴将黏合剂喷在需要成型的区域，让材料粉末粘接形成零件截面，然后不断重复铺粉、喷涂、粘接的过程，层层叠加，获得最终打印出来的成品。

优缺点

3DP 技术的优势

在于成型速度快、无需支撑结构，而且能够输出全彩色打印产品，这是目前其他技术都难以实现的。3DP 技术的典型设备，是 3D Systems 的 Zprinter 系列，也是 3D 照相馆使用较多的设备。

不足之处：首先粉末粘接的直接成品强度并不高，只能作为测试原型或者外观验证；其次由于粉末粘接的工作原理，成品表面不如 SLA 光洁，精细度也有劣势。所以一般为了产生拥有足够强度和精度的产品，还需要一系列的后续处理工序。

3DP 的机器几乎都是工业级的（图 3-8），桌面打印机目前没看到过。

图 3-8　3DP 全彩打印机及成品

3.4 选择性激光烧结技术（SLS）

像3DP这种"粘接"粉末的方式强度肯定有所不足，于是就有人考虑能不能通过加热融化的方式来让粉末"烧结"在一起，从而形成强度足够的物体，这就出现了选择性激光烧结（SLS）3D打印技术。

该技术由美国德克萨斯大学提出，于1992年开发了商业成型机。SLS利用粉末材料在激光照射下烧结的原理，由计算机控制层层堆结成型。SLS技术同样是使用层叠堆积成型，所不同的是，它首先铺一层粉末材料，将材料预热到接近熔化点，再使用激光在该层截面上扫描，使粉末温度升至熔化点，然后烧结形成粘接，接着不断重复铺粉、烧结的过程，直至完成整个零件的成型。如图3-9所示。

SLS是金属3D打印机普遍采用的3D打印技术，金属打印样件如图3-10所示。

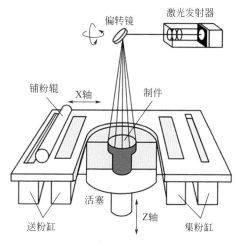

图3-9 SLS 3D打印原理图

图3-10 金属打印样件

优缺点

优势：与其他3D打印方法相比，SLS工艺的优点非常明显。

① 成型材料十分广泛。从理论上说，任何加热后能够形成原子间黏结的粉末材料都可以作为SLS的成型材料；

② 可以打印任何复杂结构，包括镂空结构，空心结构等；

③ 材料利用率高，未烧结的粉末可重复使用，材料浪费少；

④ 无须支撑结构，松散粉末起到支撑作用，降低打印前期模型处理难度；

⑤ SLS工艺可加工具有良好力学性能的零件，成品的强度优于其他3D打印技术；

⑥ 可加工材料种类持续增加，除金属外，尼龙、陶瓷、塑料等均可以作为打印材料，可广泛用于小批量生产。

不足之处：SLS 3D打印技术虽然优势非常明显，但是也同样存在缺陷，首先粉末烧结的表面粗糙，需要后期处理，其次使用大功率激光器，除了本身的设备成本，还需要很多辅助保护工艺，整体技术难度较大，制造和维护成本非常高。

SLS机器目前应用范围主要集中在高端制造领域，最知名的是德国EOS公司的M系列3D打印机。桌面级的SLS机器国内外都已经有公司宣称做出来了，但正式上市销售的还寥寥无几，估计跟技术的成熟度和市场接受度都有关系。

德国EOS的M系列长成图3-11这样，看起来就像是一台加工中心。

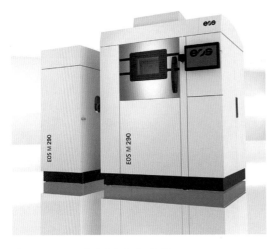

图3-11　EOS金属3D打印机

3.5 选择性激光熔融技术（SLM）

SLM是在SLS基础上发展起来的，是目前主流的金属3D打印技术之一，有人认为它其实应该算作是SLS技术的一种分支。德国Fraunhofer激光器研究所1995年提出了选择性激光熔融技术（SLM），用它能直接成型出接近完全致密度的金属零件。SLM技术克服了SLS技术制造金属零件工艺过程复杂的困扰。SLM金属打印的零件见图3-12。

SLM是利用金属粉末在激光束的热作用下完全熔化、经冷却凝固而成型的一种技术。SLM与SLS过程和原理非常类似，就不再赘述了。但是SLM一般需要添加支撑结构，其主要作用体现在：

① 承接下一层未成型粉末层，防止激光扫描到过厚的金属粉末层发生塌陷；

② 由于成型过程中粉末受热熔化冷却后内部存在收缩应力，导致零件发生翘曲等，支撑结构连接已成型部分与未成形部分，可有效抑制这种收缩，能使成型件保持应力平衡。

SLM 3D打印技术加工标准金属的致密度超过99%，良好的力学性能与传统工艺相当，这是SLM工艺的最大优势。缺点也很明显：打印速度偏低，机器价格昂贵。

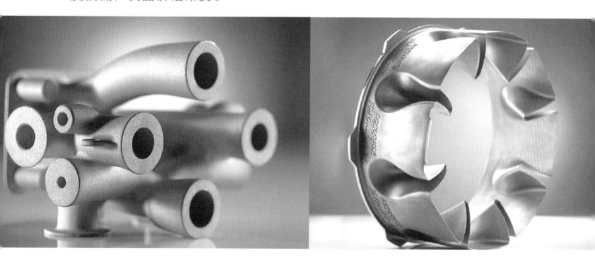

图3-12 SLM金属打印的零件

图3-13　SLM500金属3D打印机

　　由于德国是这项技术的发明者，因此SLM 3D打印机制造商主要集中在德国，包括EOS，SLM Solutions，Concept Laser等都非常知名。上述厂家开发出了多种不同型号的SLM 3D打印机，包括不同的零件成形范围和针对不同领域的定制机型，占据了全球大部分的市场份额。图3-13是SLM500金属3D打印机。

　　SLM可以打印高强度的钛合金零件，这让SLM在航空航天和军事工业领域的应用前景非常广泛。通用电气（GE）2016年10月27日斥资6亿美元买下了SLM 3D打印技术领先企业Concept Laser 75%的股权，GE本身就是全球金属3D打印的最大用户之一，这次收购更加证明了GE对金属3D打印市场非常看好。

　　这次收购过程颇有戏剧性：GE一开始是打算收购SLM Solutions公司的，并且已经公开报价一度宣称收购即将完成，然而在最后时刻被SLM Solutions的大股东拒绝了。GE回过头来就收购了Concept Laser，也就是说Concept Laser其实是个备胎，连备胎都舍得花这么多钱收购，可见GE进军金属3D打印市场的决心。

3.6 激光近净成形技术（LENS）

除SLS、SLM外，激光近净成形技术（LENS）是金属3D打印的另一种主流技术。LENS技术是20世纪90年代从美国发展起来的，1995年美国Sandia国家实验室开发出了直接由激光束逐层熔化金属粉末来制造致密金属零件的近净成形技术。此后，Sandia 国家实验室利用LENS技术针对高温合金、钛合金、奥氏体不锈钢、工具钢、钨等多种金属材料开展了大量的成形工艺研究。1997 年，美国Optomec Design 公司获得了LENS 技术的商用化许可，推出了LENS金属3D打印设备。

如图3-14所示，该技术采用激光和粉末同时输送的工作原理，通过对零件的三维CAD 模型进行分层处理，获得各层截面的二维轮廓信息并生成加工路径，在惰性气体保护环境中，以高能量密度的激光作为热源，按照预定的加工路径，将同步送进的粉末或线材逐层熔化堆积，从而实现金属零件的直接制造或修复。

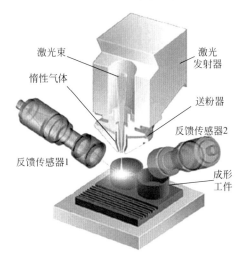

激光束
激光发射器
惰性气体
送粉器
反馈传感器2
反馈传感器1
成形工件

图3-14　LENS 3D打印原理图

LENS的特点包括：

① 可实现金属零件的无模制造；

② 适于多种金属材料；

③ 精度较高，可实现复杂零件近净成形；

④ 内部组织细小均匀，力学性能优异；

⑤ 可实现损伤零件的快速修复（图3-15）；

⑥ 加工柔性高，能够实现多品种、变批量零件制造的快速转换。

目前LENS金属3D打印机的主要厂商有美国的Optomec公司、法国BeAM公司、德国通快集团等，国内的西安铂力特也是LENS领域的知名厂商。

图3-15　用LENS 3D打印进行金属零件修复

3.7　聚合物喷射技术（PolyJet）

PolyJet聚合物喷射技术是以色列Objet公司于2000年年初推出的专利技术，也是当前最为先进的3D打印技术之一。

如图3-16所示，PolyJet的工作原理与传统的喷墨打印机十分类似，不同的是喷头喷射的不是墨水而是光敏聚合物（光敏树脂）。当光敏树脂被喷射到工作台上后，紫外光灯将沿着喷头工作的方向发射出紫外光对光敏树脂进行固化。完成一层的喷射打印和固化后，设备内置的工作台会极其精准地下降一个成型层厚，喷头继续喷射光敏树脂进行下一层的打印和固化。就这样一层接一层，直到整个工件打印制作完成。

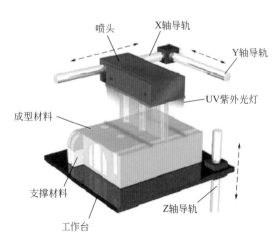

图3-16　PolyJet 3D打印原理图

工件成型的过程中将使用两种不同类型的光敏树脂材料，一种是用来生成实际模型的材料，另一种是类似胶状的用来作为支撑的树脂材料。当完成整个打印成型过程后，只需要用手或水枪就可以十分容易地把这些支撑材料去除，而最后留下的是拥有整洁光滑表面的成型工件。这让PolyJet 3D打印的后处理变得非常简单。

使用PolyJet聚合物喷射技术成型的工件精度非常高，最薄层厚能达到16微米。此外，PolyJet技术还支持多种不同性质的材料同时成型，能够制作非常复杂的模型。虽然跟SLA一样都是用光敏树脂作为打印材料，但在打印精度、打印速度和材料兼容性方面PolyJet均比SLA更胜一筹。

欣赏一个PolyJet 3D打印的作品，如图3-17所示。

图3-17　PolyJet 3D打印作品

3.8　多射流熔融技术（MJF）

多射流熔融3D打印技术由传统打印行业巨头惠普公司（HP）于2014年提出。所谓的多射流熔融，指的是依靠两个不同的喷墨组件打造全彩的3D零部件，其中一个组件主要负责喷射打印材料从而形成对象实体，另一个喷墨组件负责喷涂、上色和融合，使部件获得所需要的强度和纹理。

简单来讲，如图3-18所示，MJF技术的工作方式大致是这样的：先铺一层粉末，然后喷射溶剂，同时还会喷射一种用于细节处理的材料以保证打印对象边缘的精细度，最后还需要在上面施加一次热源。这样一层层地重复工作，直到打印完成。惠普公司宣称这种技术的打印速度比传统的选择性激光烧结技术（SLS）和熔融沉积成型技术（FDM）快10倍，而且不会牺牲零部件的精细度。

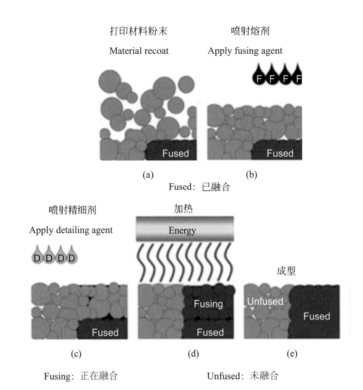

打印材料粉末
Material recoat

喷射熔剂
Apply fusing agent

(a)　　　　　　(b)

Fused：已融合

喷射精细剂
Apply detailing agent

加热
Energy

成型

(c)　　　　(d)　　　(e)

Fusing：正在融合　　　Unfused：未融合

图3-18　HP MJF 3D打印过程

　　2016年5月，惠普公司发布了两款基于MJF技术的工业级3D打印机（图3-19）。惠普表示，过去3D打印主要用于原型产品的生产，而本次发布的3D打印机则可以用于产品的规模化量产，可以生产出数百、数千甚至数万件产品。这体现出HP推动3D打印技术进入批量生产时代的意图，巨头就是巨头，想干的都是大事。

　　MJF 3D打印出来的样品，效果的确不错，见图3-20。

图3-19　HP MJF 3D打印机

图3-20　MJF 3D打印样品

　　上述几种是技术最成熟、应用最广泛的3D打印技术，其他还有几十种分支，在这里就不逐一介绍了。

3.9　连续液体界面生产技术（CLIP）

　　3D打印技术的基本原理是层层堆积，因此有一个先天性的缺陷，那就是打印速度和精度的矛盾问题，就像鱼和熊掌不可兼得，要想速度快，层厚就得比较大，表面就比较粗糙。反之如果需要精度，就只能牺牲速度。

　　这个问题目前没有根本性的解决办法，2015年新兴科技公司Carbon3D展示了一种全新的革命性3D打印技术CLIP（连续液体界面生产），该技术号称比当时市场上任意一种3D打印技术都要快25到100倍，引起了业界的广泛关注，原理如图3-21所示。

　　传统的3D打印其实更像是2D技术的改进，因为是在一层一层的表面上往上叠加的，因此速度很慢。而CLIP技术虽然本质上也是光固化成型，但看介绍似乎换了一种技术路线：通过可调节的光化学处理，让促进聚合的紫外光和抑制聚合的氧气在充满树脂的池子里得到一个平衡，装置从池子里一直往上拉，最终"拉"出了一个复杂的3D实物。

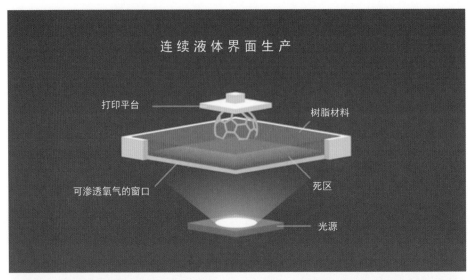

图3-21　CLIP 3D打印原理

　　这项技术看起来前途无量，所以出来不久就获得了3D软件巨头 Autodesk（欧特克）1000万美金的投资，几个月之后又获得了Google 领投的一亿美金，产品还没上市Carbon3D公司的估值就已经超过了10 亿美金。科技造富神话在现实生活中再一次上演。

　　2016年4月，Carbon3D发布了其第一款基于CLIP技术的商业3D

打印机M1（图3-22）。与传统的3D打印技术需要在表面光洁度和力学性能之间进行取舍不同，M1 3D打印机可以打印出具有工程级机械属性和表面光洁度的高分辨率零部件，打印速度也与之前描述的基本相符，大大快于传统的3D打印机。但是这次产品发布看起来更像是兑现对投资人的承诺，并没有太多考虑市场销售问题：机器的成型尺寸不大（最大打印尺寸仅为144mm×81mm×330mm），支持的材料也不多（只支持7种专有的树脂材料），而且价格昂贵（没有采用真正的买断式销售，而是类似租用的方式，每年都需要支付4万美元，约合人民币26万元的租金）。

　　考虑到只是第一代产品，能有这样的表现也基本符合预期。书生非常期待这项技术的后续发展，如果真能达到动画演示的速度和精度，并能支持更多的打印材料，CLIP无疑将颠覆这一行业，同时将3D打印技术提升一大步。

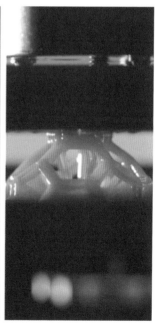

图3-22　Carbon3D M1 3D打印机

第**4**章
曙光在前，应用决定成败

3D printing: 3D 打印：从技术到商业实现
from technology to business

对于 3D 打印，持悲观和乐观论点的人都有。悲观者认为 3D 打印行业机会渺茫，三十几年都没有太大发展，现在的热闹只是媒体炒作和拉升股票的需要；乐观者认为 3D 打印是颠覆性的制造技术，生逢其时前途远大，世界迟早为之改变。

悲观者大多是对 3D 打印有一定了解，甚至正在从事这个行业的工作，在碰壁之后得出的血的教训。早期冲进去的人大多成了先烈，估计 50% 以上已经撤退或正在撤退；乐观者大多是不懂技术的小白，每天都在网络上看到 3D 打印的成功案例，各国政府貌似也在积极推动这个产业，于是热情高涨，正寻找机会进入这个行业掘金。

这就像股市，媒体总会热衷于报道某人炒股炒成了百万富翁，但是媒体绝对不会告诉你"其实这个人以前是千万富翁"。

实际的成功率如何呢，我估计十之一二吧，而媒体乐于报道的，正是这一二。

那么问题来了：书生是乐观者还是悲观者呢？我可以告诉大家，其实我是乐观者……

现阶段而言，3D 打印要想成功，关键在于八个字："避短扬长，应用为王。"

3D 打印现阶段虽然技术的成熟度还不够，材料的品种还比较少，但是用对了地方，还是能够发挥出巨大的价值。

说几个书生看到的机会：

① 传统方法无法或者很难制造的产品；

② 产品原型制造；

③ 个性化定制的产品；

④ 不在乎成本的领域；

⑤ 跳出制造业。

接下来具体阐释这些领域的机会所在。

4.1 传统方法无法或者很难制造的产品

3D打印先天具有化复杂为简单的魔力，可以说只要能在电脑里建出三维模型，任何东西都可以通过3D打印制造出来，而且速度快效率高。

例如图4-1这个著名的瓶中船。

瓶中船是源于德国的一种民间工艺品，通常是内有精致仿真船模的玻璃瓶。传统的方式要做出这个东西来需要大费周章，而且几乎只能靠手工。3D打印厂商Objet使用他们的3D打印机，花了几小时就打印出来一个瓶中船，而且造型完整细节精致（图4-2）。

再比如著名的数学图形莫比乌斯（Mobius）环（图4-3）。简单科普一下：公元1858年，德国数学家莫比乌斯和约翰·李斯丁发现：把一根纸条扭转180°后，两头再粘接起来做成的纸带圈，具有魔术般的性质。普通纸带具有两个面，一个正面，一个反面，两个面可以涂成不同的颜色；而这样的纸带只有一个面（即单侧曲面），一只小虫可以爬遍整个曲面而不必跨过它的边缘。这种环形纸带被称为"莫比乌斯环"。

图4-1　瓶中船

图4-2 3D打印的瓶中船

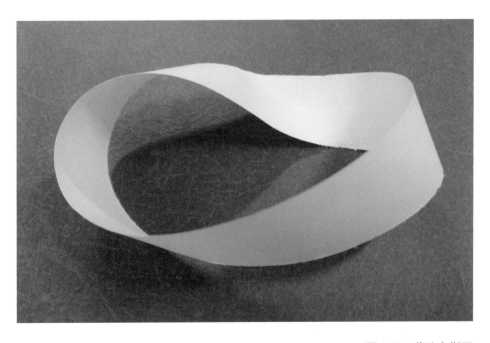

图4-3 莫比乌斯环

　　这个看起来不起眼的图形对于传统的制造方式来说是一大难题，用五轴的精密数控机床都不一定能搞定。2011年"日本机械加工－切削梦想大赛"有一件获得金奖的作品，就是加工出来了一个直径5毫米的莫比乌斯环形的零件，可见其制造难度。就是图4-4中的这个获奖作品。

图4-4　日本机械加工－切削梦想大赛金奖作品

　　日本的机械加工是什么样的水平，想必大家都心知肚明。加工出一个莫比乌斯环就能在日本的机械加工大赛中获得金奖，可见其加工难度。

　　如果说规整的莫比乌斯环还可以勉强加工出来的话，那么图4-5中的莫比乌斯环派生出来的图形，传统加工方式基本上就只能望图兴叹了。

　　这些在传统制造领域看起来没什么实用价值的造型，在某些领域却是大受欢迎，例如珠宝首饰、艺术品、建筑等。

　　对于3D打印来说，莫比乌斯环这样的造型根本不是问题（图4-6）。把一切复杂的图形转化为实物，这是3D打印最强大的能力。

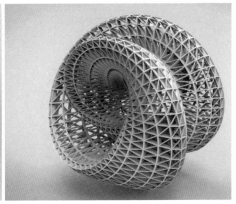

图4-5　莫比乌斯环派生的图形

图4-6　3D打印的莫比乌斯环

　　此类产品还有很多，如果造型特立独行，但是对强度和使用性能要求
不高，用3D打印进行制造绝对是一条捷径。如图4-7所示。

图4-7 造型特立独行的产品

4.2 产品原型样件制造

原型样件通俗的叫法叫做"手板"，英文叫做Prototype，是产品在定型前少量制造的样品，用于验证产品的外观、结构、性能、合理性等。根据手板验证结果改进和优化设计方案，从而形成最终的产品。制作原型样件是现代产品开发过程中必不可少的环节，对企业具有重要价值。

设计者：在设计产品时，设计者不可能仅凭设计图纸或三维数模，就能把产品的形状、尺寸、结构、强度等问题全部考虑周全。有了原型样件（图4-8）之后，设计者在设计的最初阶段，就能拿到实在的产品，并可在不同阶段快速地修改、重做样件，据此判断产品设计的合理性，改进和优化设计方案。这能够帮助设计者快速设计出完美的产品。

制造者：有了原型样件，制造者在产品设计的最初阶段，也能拿到实在的产品样品、甚至试制用的工模具及少量产品。这使得他们能及早地对产品设计提出意见，做好原材料、标准件、外协加工件、加工工艺和批量生产用工模具等准备，最大限度地减少失误和返工，大大节省工时，降低加工成本，提高产品质量。

推销者：推销人员可以使用原型样件进行产品的展示和预销售。及早、实在地向用户介绍产品，征求意见，进行比较准确地市场需求预测，而不是仅凭抽象的产品描述或一张图纸、一份样本来推销。原型样件可以显著地降低新产品的销售风险和成本，大大缩短其投放市场的时间和提高竞争能力。

用户：有了原型样件，用户在产品设计阶段就可以见到产品实物，这使得他们能够及早、深刻地了解产品，进行必要的前期评估和测试，并且提出有关改进意见，从而可以在尽可能短的时间内，以合理的价格得到性能最符合要求的产品。

图4-8　产品原型样件

原型样件的制造属于单件小批量生产方式，在以前基本都是通过手工方式制作，周期长、效率低、精度差，材料和工艺都有很大的局限性。随着设计技术和制造技术的不断发展，快速成型技术（简称RP）应运而生，成为了制造原型样件的主要方式。

什么是快速成型呢？我们来看看定义："快速成型（RP）技术是20世纪90年代发展起来的一项先进制造技术，它可以在无需准备任何模具、刀具和工装卡具的情况下，直接接受产品设计（CAD）数据，快速制造出新产品的样件、模具或模型。因此，RP技术的推广应用可以大大缩短新产品开发周期、降低开发成本、提高开发质量。"

看出来没有？快速成型的定义与3D打印几乎如出一辙，事实上3D打印就是快速成型最核心的制造技术，在还没有"3D打印"这个名字之前，增材制造就一度被称作"快速成型"。

可以这么说，3D打印这项技术诞生的重要历史使命，就是为了解决原型样件的快速制造问题，这是传统制造技术最大的短板之一。正因为如此，目前在3D打印的所有应用领域中，这个领域的应用是最为广泛和成熟的。无论是手机数码、智能硬件、家具家电，还是汽车整车、零部件，工艺品、消费品，在产品设计阶段都越来越多地采用3D打印技术。打印

图4-9　3D打印的原型样件

制造原型，模具制造成品，3D打印就这样跟批量制造悄然融合，发挥着越来越重要的作用。统计数据表明，在购买工业级3D打印机的用户中，绝大多数都把机器用于产品开发过程中的原型样件制造（图4-9）。卖打印机的同志们，现在知道市场在哪里了吧？

既然敢叫做"快速成型"，3D打印对时间的节省自然不在话下。至于成本，相比于传统的样件制造方式的成本，3D打印的成本并不算太高，再加上节省的时间成本，3D打印在这个领域的竞争优势相当明显。

4.3 个性化定制的产品

对个性化需求的快速响应和快速实现是3D打印的显著优势之一，这个市场充满了机会，但同时也遍布陷阱，下面举几个实际的例子。

4.3.1 珠宝首饰

笔者特别看好3D打印在珠宝首饰行业的前景，珠宝首饰的发展趋势一定是个性化的。这世界上每个女人都希望有一件独一无二的首饰，这就意味着巨大的商机和广阔的市场。

实际上珠宝首饰行业已经是3D打印技术应用最早也最为成功的行业之一，品牌珠宝商几乎都在使用3D打印技术改进和优化传统制作工艺，进而缩短新产品的上市周期。

目前在开发一款首饰产品时，普遍采用的成熟的工艺是先用精密3D打印机打印出一个精细的蜡模，然后用失蜡法浇铸成型，或者利用蜡模制成铸造模具，再进行首饰的批量生产。传统的制作工艺中蜡模需要工匠手工进行雕刻，费时费力并且对人员的技能要求很高，目前这道工序已经被3D打印技术逐步取代了。

很多3D打印平台都提供首饰创意设计到打印实物的一条龙服务，打通了从定制到销售的全流程。例如全球最大的在线3D打印服务平台Shapeways（www.shapeways.com）提供各式各样的创意首饰定制服务，只要在网站上付款购买，这些独特的首饰就会很快邮寄到你手里。你也可以直接提出需求，让设计师根据你的需求设计首饰，至于价格嘛，当然不会太便宜。

Shapeways这种模式本质上是一种用户需求驱动的定制化电商，这也是电商平台未来发展的必然方向。

能直接打印首饰的3D打印机已经出现，从技术上讲这个和金属打印没有区别。这类打印机主要采用选择性激光熔融技术（SLM），目前可以打印的材料包括黄金、铂金、银、钛合金等贵金属，现在影响普及的主要问题是动辄几百万的打印机价格，如果打印机的价格能下降到合理范围，我相信珠宝首饰行业将很快被3D打印颠覆。

像首饰这种材料单一、造型复杂、轻量化设计、无强度要求的产品，完全就是3D打印的菜！

可以想见，以后人们去购买首饰，不会像现在只能挑选摆放在柜台里的成品，而是可以选择多种多样的花纹图案，或加上一些个性化的要求，例如打上你和爱人的名字、头像等，稍等片刻就可以现场拿到3D打印出来的首饰。或者在商家的网站上定制好款式，直接到门店去打印取件即可（图4-10）。图4-11是3D打印出来的首饰。

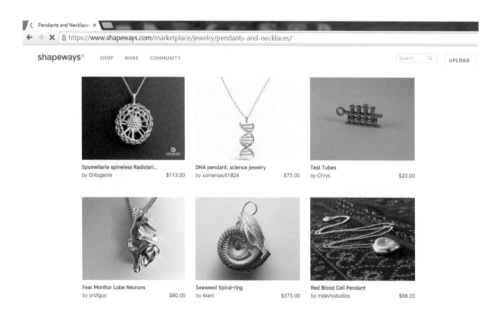

图4-10　首饰3D打印定制网站

图4-11　3D打印出来的首饰

现阶段建议：学习Shapeways好榜样，开展首饰定制化电商。

4.3.2　立体人像

这个领域曾经非常热门（图4-12），但几乎没人赚钱，主要原因在于以下两点。

（1）要求高

你看看女孩子愿意花多少时间用美图处理一张自拍的照片，你就知道她们的要求有多高了。她们不只需要像她的3D人像，还得能够"按需调整"，脸要显瘦腰要细，眼睛要大腿要长。现在的技术3D打印出来五官的精细程度还不太够，更无法满足按需调整的要求。细节的不够完美，注定了生意难做。

（2）价格高

价格高的原因，除了3D打印机和材料的成本之外，还有人像扫描、3D建模、后期处理等环节的成本，再加上场地租金和人员费用，价格不高赚不到钱，价格太高市场又不买单，面临两难选择。

图4-12　3D立体人像

有聪明人想通过互联网开展立体人像打印服务，从而把成本降下来。要求用户提供几张多角度的照片，用照片合成3D或者人工建模的方式造型，打印好的成品通过快递寄送给客户。这样的思路有可取之处，但只是节省了场地成本，其他成本并没有真正降低（照片合成3D达不到精度要求，人工建模并不比3D扫描便宜），依旧不能降到市场能接受的价格范围。

人像是完全个性化的产品，无法批量制造，成本就很难降下来。

还是那句话：什么时候花百八十块钱就能做一个"按需调整"的细节精致的立体人像，什么时候才会有市场。

现阶段建议：炒作出来的伪需求，建议慎重进入。

4.3.3　手办（动漫周边）

手办主要指以动漫、游戏角色为原型而制作的人物模型或其他模型（图4-13）。这也是目前应用3D打印技术较多的行业。手办模型的要求比立体人像的要求稍低（起码不用"按需调整"），主要作为摆件，没有太多的使用性能要求，造型比较复杂，这些特点很适合3D打印。

手办的3D数据可以重复使用，部分3D数据可以从开源的网站上下载或者从销售模型的网站上购买，还可以通过已有的手办实物逆向抄数，数据获取成本相对较低。

手办多数是彩色的，这个问题不大，有钱的话买台全彩色3D打印机，没钱的话3D打印出来再后期上色，都可以达到效果。

手办并非完全一对一个性化的产品，同一种造型的手办有很多人喜欢，也就说批量制造是可行的，这就让成本能够降到合理的范围以内。通过互联网来开展手办的3D打印服务，成本还会进一步降低。用3D打印来制作手办的原型，再使用模具来批量制造，是现阶段比较合理的方式。

图4-13　手办模型

长期看来不用模具也是可能的，我亲眼见过一台Zprinter 3D打印机在3～5min就打印出一个全彩色的手办模型，这个效率如果有较大的批量，成本应该能接近模具制造的成本。

现阶段建议：可以找机会进入，尝试使用3D打印结合电商平台来做。

4.3.4 制鞋

服装、鞋这些产品本质上是因人而异的，人类个体的差异决定了个性化的需求。一套合身的衣服、一双合脚的鞋，是消费者共同的期望。现有的按尺码划分的模式是批量生产降低成本的产物，其实并不能真正满足消费者的需求。理想的状态是每一套衣服都是量身定制的，每一双鞋也应该如此。

前面提到过服装的3D打印，由于面料的问题基本无法实现。但鞋的情况则不同，鞋的材料除皮革和布料之外，塑料和橡胶也普遍使用，例如凉鞋和拖鞋。著名的休闲鞋品牌Crocs（卡骆驰）的洞洞鞋，几乎全是塑料的，由于鞋上很多孔，透气性没有问题，穿起来也并不会觉得不舒服。还有一点，一双鞋是不是合脚，关键是脚掌跟鞋底接触的区域，这种区域是主要的承重区域，只要这个区域跟足底的曲线完全贴合，穿着就很舒服，而鞋底的材料很多都是塑料或者橡胶，耐磨也防滑。

而塑料和橡胶材料，恰恰非常适合3D打印。

既有个性化的需求，材料又恰好对胃口，这让3D打印在制鞋领域有了施展的机会，再加上能快速实现设计师针对不同人群的创意，3D打印在制鞋行业应该前途远大。另一方面，现在的鞋动辄数百上千元的价格，也让3D打印的鞋相比之下并不是那么昂贵。

所以制鞋行业应用3D打印的热潮一浪高过一浪：

2013年2月，著名运动鞋品牌Nike（耐克）推出了世界第一双应用3D打印技术制造的球鞋，命名为"蒸汽激光爪"球鞋（图4-14），彻彻底底的赶了一趟时髦。这款球鞋鞋底的制作应用了SLS选择性激光烧结技术，利用高能激光将多种塑胶材料直接融合烧制而成，相比传统工艺产品不仅重量更轻，且制造耗时更少。Nike宣称这款球鞋拥有传统方法无法达成的复杂工艺，能够帮助足球运动员在前十步之内就获得更快的加速度。

2014年1月份Nike又推出了新款VaporCarbon2014精英版跑鞋，作为专门针对当年举办的第四十八届超级碗的NFL耐克银速系列的一部分。同年2月，Nike公司推出了用3D打印技术开发的第三款球鞋。

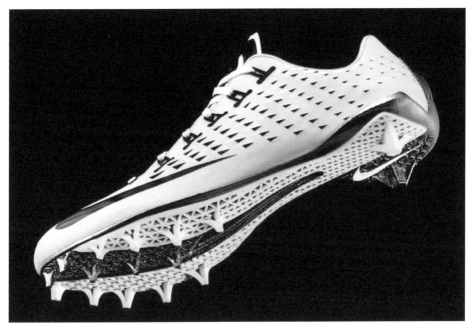

图 4-14 世界第一双 3D 打印的球鞋

2016年5月，HP基于MJF技术的3D打印机刚上市，Nike公司就发布消息称已与惠普公司结成战略伙伴关系，并将使用后者的3D打印机以更快的速度制造运动鞋。Nike真可以说是3D打印技术应用的急先锋。Nike之后其他大品牌纷纷跟进。

2015年10月，Nike的竞争对手adidas（阿迪达斯）发布了其3D打印跑鞋系列"Futurecraft3D"。据阿迪达斯官网介绍，未来用户只需在阿迪达斯店里的跑步机上跑几步，阿迪达斯就能快速获取跑步者的足部特征及各项数据，接着再利用3D打印技术制造出这款跑鞋。

2015年11月，知名运动品牌New Balance（新百伦）宣布将推出一款3D打印的跑步鞋，这款鞋2016年4月份在波士顿马拉松比赛期间作为限量版销售。

2016年10月，另一家运动品牌Reebok（锐步）公司披露了突破性的创新鞋类制造工艺——LiquidFactory。这一工艺的核心是3D打印。锐步相信这将从根本上改变鞋类创新的过程和速度。

最新的进展是：2016年12月，Adidas正式开卖其3D打印跑鞋的量产版本3D Runner（图4-15）。3D Runner鞋身表面采用阿迪达斯标志性的Primeknit织物鞋面，镂空鞋底和后跟支架均以3D打印技术实现，看起来科技感十足，售价约2300元人民币。

图4-15　Adidas的3D打印跑鞋3D Runner

世界各大运动鞋品牌都在应用3D打印技术改造运动鞋的产品设计、开发和制造过程，并在一定程度上已经使用3D打印进行关键部件（如鞋底）成品的制造。一旦人体数据采集技术与3D打印技术结合，运动鞋就可以实现完全个性化的定制，相信这一天不会太远。

可以说运动鞋领域的3D打印时代即将来临。制鞋行业的其他细分领域相信也会很快也会面临一场3D打印带来的变革。

现阶段建议：趋势已经非常明显，制鞋企业除了引入3D打印技术改进制鞋工艺外，也可以结合电商开展3D打印定制服务。类别推荐凉鞋、洞洞鞋、拖鞋等较容易实现的类别。

除了上面提及的产品外，其他个性化定制的产品还有很多，例如礼品、工艺品（图4-16）、数码周边产品等，在此就不展开叙述了。这些领域都是适合3D打印生长的土壤，着眼于用户个性化的需求，以互联网平台为载体，3D打印就很有希望成功。

图4-16　3D打印的艺术品

4.4　对成本不敏感的领域

关于3D打印的成本是高是低，向来争论不休说法不一。有人认为3D
打印成本高，平时只要几块钱的东西3D打印出来要几百块钱。有人认为
3D打印的成本低，原本要3周才能搞定的东西3小时就做完了。

在有些领域，时间远远比金钱重要得多。这些领域并不太在乎3D打
印的直接成本，包括设备成本、材料成本、人工成本等，只关心它对产品
性能的改进和制造时间的节省，列举几个典型的行业。

4.4.1　军事及国防

这也是媒体报道较多的行业，第一个红遍全球的3D打印案例就是打
印了一把手枪，这就是军事用途的产品。当然也不乏其他打印火箭、打印
飞机的报道。有些媒体总喜欢语不惊人死不休，例如3D打印了一个涡轮
叶片就宣称打印了一台飞机发动机，弄得大家以为3D打印真的可以上天
入地无所不能。实际上很多只是在产品试制过程中局部应用了3D打印技
术而已。

军事及国防领域的3D打印技术应用得比较早也比较深入，事实上人类科技发展史上很多的黑科技都是先军用后民用的，例如计算机、无线电、互联网，3D打印也是如此。以我国的军用飞机研制为例，早在2001年，我国已经开始发展以钛合金结构件激光快速成型技术为主的激光3D打印技术，并用于军用飞机的研制，2012年我国应用3D打印技术的机型已经完成了首飞。目前，我国成为世界上继美国之后第二个掌握飞机钛合金结构件激光3D打印技术的国家。金属尤其是钛合金的3D打印技术已广泛用于飞机设计试制过程。图4-17就是3D打印的飞机零部件。

可以说当民用领域的3D打印还处在萌芽阶段的时候，军事及国防领域的3D打印早已遍地开花。

之所以如此，除了比民用领域较少考虑成本的因素外（也不是不考虑，要知道军用飞机上的零件很多都是钛合金材料等贵重金属，切削掉50%～80%也是很大的浪费），更重要的原因在于以下几点。

（1）可以缩短新机型开发周期。

3D打印成型后的零部件已十分接近成品要求，不需或仅需少量后续加工，可有效缩短零部件生产周期。20世纪八九十年代开发一款战斗机的设计周期一般是10～20年，大规模采用3D打印技术之后，目前我国开发一款新机型的时间已经缩短到5～8年，虽然不能说都是3D打印的功劳，但肯定离不开3D打印的突出贡献。节省的时间如果折算为成本，那是非常可观的。

（2）提高复杂零部件制造的成功率。

以飞机为例，飞机的空气动力学要求非常高，大多数结构件都是带曲面的，有些零件看起来结构简单貌似只是个框架，实质上有非常复杂的表面形状或配合曲面。这些外形和内部结构都比较复杂的零件，采用传统的铸造、锻造、切削等方式加工制造，不仅对机床的要求高，对相关的工装夹具的要求很高，对操作人员的技能要求也非常高，这样的高要求必然导致低产出，零部件废品率居高不下浪费严重。而3D打印通过材料层层堆积的方式成型，加工原理就决定了几乎不受结构复杂程度所限，特别适合制造这类零部件，正好发挥所长。

（3）轻量化的要求。

通过3D打印能够快速制造产品样件，不断改进结构设计，获得材料最少、性能最好的优化设计方案，从而实现零部件的轻量化设计和制造。轻量化对军工产品非常重要，要知道武器越轻就意味着越方便携带，飞机坦克越轻就意味着机动性越好，越省油，使用成本就越低。

因此表面上看起来用3D打印制造成本是高了，实际上综合成本是降低了。

图4-17　3D打印飞机零部件

4.4.2　医疗产业

3D打印技术跟医疗行业有天然的结合度：人体的骨骼、关节和器官都非常复杂，而且个体之间有明显差异，传统的方法很难做到完全适配，而3D打印恰恰可以。通过扫描建模可以得到精确的数字化模型，之后通过3D打印可以得到精确的实物，这样的特性使3D打印在医疗行业前景光明，并已在骨骼植入物、假体假肢和牙科等领域得到较为广泛的应用。

以下是一些应用场景。

（1）手术治疗

在手术前根据患者的CT或核磁共振数据进行三维建模（这样的软件已经有现成的），然后通过3D打印机将模型打印出来，就得到一个医疗模型。3D打印的医疗模型让医生在手术前可以直观地看到手术部位准确的三维结构，有助于医生规划出最合理的手术方案。尤其针对复杂手术，有助于降低手术风险，提高手术的成功率。另外，手术导板是医生在手术中辅助手术的重要工具，3D打印技术尤其适合制造异型或个性化的导板。

（2）牙科

采用3D扫描得到患者的口腔数据，通过计算机分析数据，设计治疗方案。根据扫描数据可以建立跟牙床形状最为贴合的牙齿数字化模型，再用3D打印机打印出假牙（图4-18），整个过程以患者的精确口腔数据为载体，提高了假牙制作的良品率，患者佩戴更加舒适。现阶段直接3D打印出可植入假牙的机器还不多，所以更多是先3D打印出假牙模型，再进一步制作陶瓷或金属材质的可植入假牙。

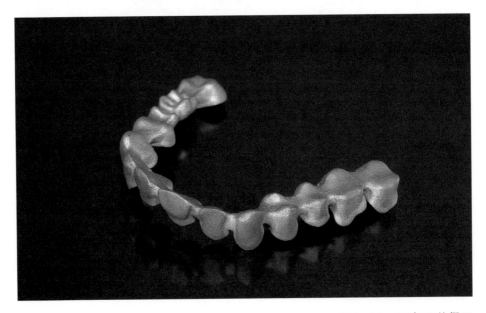

图4-18　3D打印的假牙

与此相似的还有整形美容行业，用3D打印出跟人体完美贴合的整形填充物，也是非常有发展潜力的。

至于打印活体器官则属于生物3D打印的范畴，生物3D打印技术一直处在整个3D打印产业中最"高端"的位置，被称为是3D打印产业高塔上的"明珠"。生物3D打印想象空间巨大，如果能成功将造福全人类。

目前国内外都在进行这个领域的研究和探索，也取得了一些成果，已经有打印软骨组织（图4-19）、肝脏单元、血管组织等的相关案例。不过，打印人体器官更多的还只是一种科学愿景，尚处于研究起步阶段，这依赖于打印材料和技术上的突破，并需要开展生物、医学、计算机等多学科来交叉研究。

图4-19　生物3D打印的软骨组织

4.4.3　文物保护

2012年成龙主演的电影《十二生肖》向人们形象地展现了3D打印的应用场景：盗宝人JC戴了一个手套，手套上有很多传感器，把兽首摸一遍后，另一头的盗宝团队成员就立即打出一个一模一样的兽首模型来。这个能打印出兽首的机器，其实就是3D打印机。

　　这个场景演示了通过3D打印进行文物复制的全过程，就现在的技术而言，电影里的场景已经完全可以实现。文物复制的需求普遍存在：博物馆常常会用复制品来陈列或展出，以保护原始作品不受环境或意外事件的伤害，同时复制品可以作为纪念品或礼品出售，既能传播文化艺术，也能创造额外收益。

　　另一个重要的帮助是用于残缺文物的修复。通过3D扫描、粉末叠加来复原文物、修复残片，这是3D打印技术的拿手绝活。例如陶俑有一支腿缺失，可以扫描另一支腿的外形打印后用作补全。再如瓷器局部破损，即使破损处的弧线非常不规整，也可以通过3D打印复制出缺失的部分来进行修复。

　　Google公司跟全球一百多家知名博物馆合作推出的"谷歌艺术计划"，提供博物馆收藏品的3D模型数据给全世界的文物爱好者分享和下载，这其中包括台北故宫博物院的很多珍贵藏品数据。感兴趣的可以上网搜索一下"google art project"（图4-20）。

图4-20　google art project网站

至于有人担心这些数据会不会被用来制作赝品，这个大可不必。文物的鉴别主要在材料的年代上，是"西周"的还是"上周"的，这很容易区分。如果出现一个塑料材质的兵马俑，那肯定是穿越剧看多了的结果。

4.4.4 奢侈品

这个世界上很多东西不是以价格来决定市场的，奢侈品就是这样。在我看来路易威登（LV）的包包既老气又难看，一旦成为了身份和地位的象征，无数人趋之若鹜。

3D打印具有最快地把创意变成实物的能力，设计师利用这项技术，可以快速地推出新的款式，引领时尚潮流。奢侈品品牌往往具备强大的市场号召力，来做这件事情效果更佳。

因此哪一天你看到一群人在LV门店抢购价格数万的最新款的3D打印的PVC包包，千万不要奇怪（图4-21）。

图4-21 3D打印的女包

4.5 跳出制造业

3D打印技术虽然源于制造业，但应用领域不仅局限于制造业。在其他一些行业 3D 打印成功的机会更大，有更加广阔的应用前景。

除上述已经提到的珠宝、奢侈品、医疗、文物等领域外，我觉得下述几个行业也是不错的。

4.5.1 食品

要用 3D 打印来做菜好像不太可能，但是用来打印巧克力、糖果、饼干、煎饼之类的食品则非常合适。

应用场景：买一台巧克力 3D 打印机，从网上下载各种 3D 数据，如汽车、Kitty 猫、狗狗、人像、建筑等，把它们打印成造型各异的巧克力，既可以自己吃，也可以发在朋友圈分享，顺便销售给需要的人（图4-22）。

图4-22　3D打印的巧克力

有了这样一台打印机，个人就成了一个小型的巧克力工厂了。投资额也可以接受，硬件：一台巧克力3D打印机的价格大约3万～5万人民币，还有直接用FDM桌面打印机改造的会更加便宜。材料：普通的巧克力粉。硬件和材料成本不高，同时巧克力都很小巧，打印的时间也不会太长，因此成品的价格不会太贵。

关键是吸引眼球啊：你吃过埃菲尔铁塔吗？你吃过霸王龙吗？我刚把我家的二哈吃掉了！

这种结合社交网络的低成本创业机会比较容易成功，感兴趣的朋友不妨尝试一下。

4.5.2　教育及培训

如果说我们这个时代必备的技能是英语、电脑和驾驶，那么3D打印很可能是下一个时代必备的技能之一。3D打印教育的实质是一种创造性思维的教育，3D打印进入大、中、小学校园，将使学生在创新能力和动手实践能力上得到系统地训练，帮助学生把创意、想象变为现实，将极大发展学生动手和动脑的能力，从而实现学校培养方式的变革。

3D打印融入基础教育，让书本上的知识看得见摸得着，将使教学过程变得更加生动有趣：在数学课上使用3D打印的模型讲解几何图形，可以更直观地帮助学生理解几何结构关系；化学课上利用3D打印的模型演示各种无机物、有机物的分子结构，有利于学生理解化学元素的组合方式和过程；生物课上，3D打印出已经灭绝的各种白垩纪的恐龙，比看课本上的插图要形象直观得多（图4-23）；物理课的很多原理和机构，通过3D打印出的模型进行演示，原本十分抽象的东西就变得简单具体了。

这些教学用具和教学模型主要表现外观形状和内部结构，没有太高的材料和性能要求，对现阶段不太成熟的3D打印技术来说，是非常合适的，即使是桌面级的3D打印机都能满足要求，因此教育市场是很多打印机厂商争夺的重点，甚至比企业用户市场还要重要。2016年全球最大的桌面级3D打印机生产厂商MakerBot退出消费者市场后，就宣布业务重点将转向教育市场。

图4-23　3D打印的恐龙骨骼

图4-24　3D打印进校园

各国政府也在积极推动3D打印的普及教育。欧美发达国家的一些学校早已开设3D打印相关的教育课程，中国的计划是实现每一所小学都有一台3D打印机，并为学生配备相应的教育资源，从而在九年义务教育阶段中逐步普及3D打印（图4-24）。

除了基础教育外，职业教育和培训的3D打印市场也非常庞大。随着3D打印技术的发展和普及，对3D打印的人才需求也越来越旺盛，相关的技能培训将迎来爆发期。回想一下学英语的热潮催生了多少家培训机构产生了多少家上市公司，3D打印在这个市场大有可为。

钱多，刚需，要求低，政府推动，这个市场的机会不容错过。

4.5.3 建筑

2015年5月，一则3D打印别墅的新闻传遍了互联网：上海一家公司用3D打印技术建造了一栋面积约为1100平方米的别墅，墙体由大型3D打印机采用石材以及建筑尾料打印而成。这样一幢别墅只需3个工人忙3天时间，打印1天、拼装2天。最为关键的是，这幢别墅的建造成本只要100万元，比传统的建造成本低很多！

花园洋房看起来挺漂亮，如图4-25所示。

3D打印被人诟病的表面粗糙分层明显的问题对于建筑来讲根本就不是事儿，看这图比传统的混凝土浇筑表面还要光滑一些，再加上外部内部一装修，压根看不出来是3D打印的建筑。

不只打印住宅，还能打印办公建筑。全球首座使用3D打印技术建造的办公室也是由这家中国公司完成的，2016年5月在阿联酋迪拜国际金融中心落成并被用作迪拜未来基金会的临时办公室（图4-26）。

这座单层建筑室内面积为250m^2，使用的建筑材料是一种特殊的水泥。有趣的是，办公楼的所有"零部件"，包括办公家具等结构部件，都是由一台大型3D打印机耗时17天打印而成，然后由施工方仅用2天时间完成安装。整座建筑的建造和人工成本只有14万美元，仅是传统建筑方式成本的一半。

图4-25　3D打印的别墅

图4-26　3D打印的办公室

效率高成本低，3D打印在建筑行业的未来值得期待。虽然现阶段还有很多因素制约着建筑3D打印技术的普及和推广，例如建筑的强度、材料的环保性、市场的接受度等等。但是未来的建筑领域，一定有3D打印的一席之地。

这不是预测，而是已经在发生的事实：中东国家阿联酋正在积极推进3D打印建筑技术的应用，计划将迪拜建设成为创新式3D打印的全球中心。他们的目标是，到2030年，迪拜会用3D打印技术建造整个城市25%的建筑物。必须为迪拜这种勇于尝试新生事物的精神点赞！

我倒是希望随着3D打印技术在建筑领域的应用，对于降低中国的房价能有实质性的帮助。有家媒体是这样发问的："住进3D打印的房子里，你准备好了吗？"，我想说："我准备好了！"。

第5章
3D 打印，内容先行

3D printing: 3D 打印：从技术到商业实现
from technology to business

　　应用方向的问题讲完了，接下来我们来看看另外一个重要的问题：
内容。

　　3D 打印，首先有"3D"，而后才有"打印"，这个"3D"指的是数
字化的三维模型。3D 打印就是把计算机里的三维模型变成实物的过程，
得先有三维模型这个鸡，才能有 3D 打印这个蛋。

　　那么问题就来了：三维模型从哪里来呢？产生内容的道路千千万，然
而归纳起来不外乎三种途径：

　　（1）设计和创造；

　　（2）拷贝和复制；

　　（3）利用公共资源。

5.1　设计和创造

　　当人类有了创意之后，就需要把创意表现出来。艺术家通过手绘来表
现创意，工程师则通过图纸来表现。随着计算机技术的发展，原来在纸上
创作的方式变成了在计算机屏幕上创作，再后来，平面的方式毕竟太抽象
不直观，就需要立体化，就需要所见即所得，这就产生了三维设计。

　　一不经意就描述了计算机辅助设计（CAD）的发展过程。鉴于这是
书生以前的老本行，就多啰唆两句：CAD 是利用计算机帮助人类进行设
计工作的技术，也是推动现代工业发展的关键技术之一，更是 3D 打印发
展的前提和支撑性技术。CAD 诞生于 20 世纪 60 年代，最早的应用是在
航空航天、汽车、军工等高精尖领域（想想那时候计算机多么昂贵，也就
理解为什么只有这些高富帅能用得起），90 年代之后才逐渐普及成为设计
人员必备的工具。

　　CAD 技术的发展经历了从二维到三维的进化过程，二维 CAD 中最知
名的软件 AutoCAD 现在仍然被广泛使用着。但毫无疑问三维 CAD 已经
成为主流，也成了 3D 打印最大的数据来源。

　　按使用要求的不同，三维 CAD 主要分为两大门类：

　　一类是以造型设计功能为主，主要满足复杂外观的设计要求。广泛应

三维CAD建模
过程的视频

用于动漫设计、影视游戏、工业设计、建筑设计、室内设计等领域，知名的软件如3Dmax（图5-1）、Maya、Rhino、Alias等。这类软件的设计过程更像是雕塑过程。

另一类以结构设计功能为主，讲求尺寸精确，满足制造性和装配性要求。这一类主要用于机械设计领域。知名的软件包括PROE/Creo、UG、CATIA（图5-2）、Solidworks、Inventor等。这类软件的设计过程更像是切削加工过程。

软件太多了对吧！光看名字就把人搞晕了。这些软件明争暗斗了几十年，至今没有形成一统江湖的垄断者，诸侯割据划地为界相安无事了很长时间。然而改变迟早会发生，我的判断是这个行业正处在革命的前夜，随着云计算技术的发展，会有基于互联网的三维设计软件冒出来成为颠覆者。

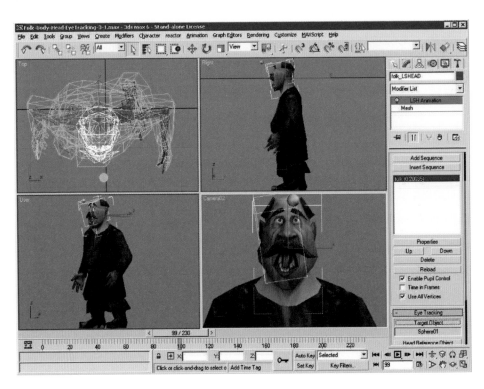

图5-1 3Dmax软件界面

图5-2　CATIA软件界面

　　三维CAD软件的普及是3D打印机普及的前提，就像Office软件的普及是传统打印机普及的前提一样，有了软件工具才有数字内容，有了数字内容才有硬件需求，环环相扣缺一不可。

　　开篇提到过十几年前书生就在从事三维CAD的扫盲工作，现在回头看是多么有前途的职业，说大一点是第三次工业革命的见证者和参与者，并且即将推动第四次工业革命（此处是否应该有点掌声……）！

　　"工欲善其事，必先利其器"，对现代制造业而言，CAD就是这个"器"——负责创造内容。然后由数控机床或3D打印机把内容制造成实物。同时这个"器"也主要满足"工"的要求，使用CAD软件设计和创造3D内容，长期以来一直是设计师和工程师这类的专业人士才能做的事情。

　　随着创客运动的兴起，每个人都会成为内容的创造者、使用者和传播者，这对CAD提出了新的挑战。实话讲目前的这些三维CAD软件都太专业太复杂，不具备点艺术修养空间想象机械制图基础、不系统学习三五个月根本学不会。这显然不适合普通人使用，也严重制约了3D技术的普及。

开发一款傻瓜型的三维CAD软件也许是下一个机会所在，简单易用无需专业知识，建模过程就像捏泥人或搭积木似的所见即所得，每个人都能够通过软件很方便地把想法设计出来，这绝对前途无量。

现在互联网上已经有几款类似的可以在线使用的傻瓜型软件冒出来了，但功能都太过简单，也就能捏个杯子，做个玩具熊，搭个小房子什么的，基本没有设计能力，离上面列举出来的那些CAD软件在功能上还差得太远，不具有可比性。我在这个行业多年，深知开发一款CAD软件的技术难度和工作量，有人开始往这个方向做，哪怕只是做了个不太成熟的产品原型，已经非常了不起了。

从长远发展来看，CAD技术必然跟虚拟现实技术（VR）融合，摆脱电脑屏幕的约束，在模拟真实世界的环境里交互式设计，到了那一天，每个人的创意才华都会被激发出来，相信我，人人都有潜力成为不平凡的设计师。

不谈愿景了，来点实际的福利。下面推荐几款免费的三维设计软件。

SketchUp：网址http://www.sketchup.com，记得下免费版本。SketchUp中文名叫做"草图大师"，是一个易于使用的3D设计软件，官方网站将它比喻作电子设计中的"铅笔"。在建筑、规划、园林、景观、室内设计等领域用的人比较多。虽然号称使用简便人人都可以快速上手，但对普通人来说还是有点难。

Tinkercad：网址https://www.tinkercad.com。这是一款在线使用的免费三维设计软件，现在已经被Autodesk公司收购了。这款软件的功能简单，界面友好，易用性不错，既可以在电脑上使用，也可以在ipad上使用。适合于业余爱好者和学生群体，做做形状不太复杂的小玩意还是值得推荐的。如图5-3所示。

Leopoly：网址http://www.leopoly.com。这也是一款值得推荐的

在线建模软件，是一个在线制作3D雕塑的应用站点，提供免费、易用、有趣的3D雕塑设计功能。推荐给想尝试艺术创作的普通人。

Onshape：网址https://www.onshape.com。这个号称未来的CAD，只要在能上网的终端（PC、手机、平板）打开浏览器即可访问，不需要下载任何安装文件，使用的永远都是最新版本。Onshape有免费版可供使用，操作方式接近机械CAD软件，适合有理工科背景的人使用。

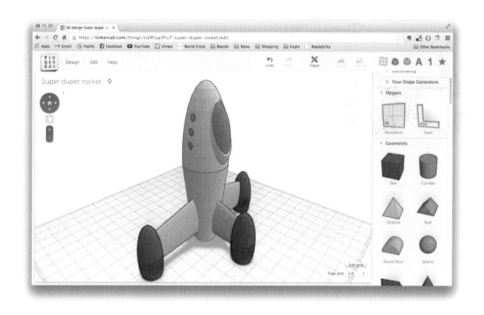

图5-3　在线三维设计软件 Tinkercad界面

这里面有没有颠覆者？目前没看出来。

例如SketchUp曾经被Google纳入旗下，使用SketchUp创建的3D模型甚至可以直接输出至谷歌地图里，即使是这样，SketchUp也没成为这个市场的颠覆性产品，最终被Google卖掉。连Google这样的巨无霸都没玩出结果来，可见难度很大。Onshape号称未来的CAD，由三维CAD行业的传奇人物、Solidworks公司创始人 Jon Hirschtick花费三年多的时间打造，目的就是要颠覆CAD领域的商业模式，概念一出就获得了6400万美元的种子轮融资，然而2015年3月Onshape发布至今已经过去两年时间了，实质性的进展并不大。

虽然变革貌似都不太成功，但是也基本指明了这个领域的发展方向。时代毕竟不同了，玩法也必须不一样才行。这些在线三维设计软件可不只是建个3D模型这么简单，还可以在线协同设计（例如多个人修改同一个产品设计方案）、直接输出到3D打印机进行打印、分享到各种社交媒体等。这正迎合了这个时代万众创新的需求。

其实在我看来，在线三维CAD的发展之所以显得比较缓慢，除了技术原因，还有网速原因，三维的大数据需要更快的网速才能显示得更流畅，协作得更深入。等网速的问题解决了，技术的问题就不是大问题了。

有了三维CAD创建的3D模型，是否就可以直接进行3D打印了呢？看起来理应如此，可实际上并不是，这里面还有个格式转换的问题，必须把CAD数据格式转换为3D打印的数据格式才行。

很多人对3D打印的数据格式颇有微词，辛辛苦苦用CAD设计好的作品，一转换成STL格式，基本就从白天鹅变成丑小鸭了，既没有颜色，数据也不完整，形状重叠表面破损那是常有的事儿。

表5-1是常用的CAD软件转换STL的方式，部分来自网上，部分是书生自己总结的经验，照着做一定程度上可以提高转换的成功率。

表5-1 常用的三维CAD软件导出STL格式的方法

3DMax	选中要导出的模型→文件→导出→格式选择STL，在"二进制"和"ASCII"两个选项上，建议选择"二进制"，生成的STL格式文件较小
Alias	将数据导出前需要先把曲面缝合为壳，然后在仅选中壳的情况下，文件→导出→格式选择STL，在"二进制"和"ASCII"两个选项上，建议选择"二进制"
AutoCAD	输出模型必须为三维实体，且XYZ坐标都为正值。在命令行输入命令"Faceters"→设定FACETRES为1到10之间的一个值（1为低精度，10为高精度）→然后在命令行输入命令"STLOUT"→选择实体→选择"Y"，输出二进制文件→选择文件名

续表

CATIA	选择STL命令，最大Sag=0.0125 mm→选择要转化为STL的零件→点击YES，选择输出（export）→输入文件名输出STL文件
CADKey	从Export（输出）中选择Stereolithography（立体光刻）
I-DEAS	File（文件）→Export（输出）→Rapid Prototype File（快速成形文件）→选择输出的模型→Select Prototype Device（选择原型设备）→SLA500.dat→设定absolute facet deviation（面片精度）为0.000395→选择Binary（二进制）
Inventor	Save Copy As（另存复件为）→选择STL类型→选择Options（选项），设定为High（高）
IronCAD	右键单击要输出的模型→Part Properties(零件属性)→Rendering(渲染)→设定 Facet Surface Smoothing（三角面片平滑）为150→File（文件）→Export（输出）→格式选择STL
Maya	不能直接导出STL格式，可以通过第三方插件导出，或者转换成OBJ格式，再使用3Dmax导出STL
PROE/Creo	1.选择File（文件）→Save a Copy（保存副本）→格式选择STL
	2.设定弦高为0。然后该值会被系统自动设定为可接受的最小值
	3.设定 Angle Control（角度控制）为0.5
Rhino	File（文件）→Save As→格式选择STL
SolidWorks	1.File（文件）→Save As（另存为）→格式选择STL
	2.Options（选项）→Resolution（品质）→Fine（良好）→OK（确定）
SolidEdge	1.File（文件）→Save As（另存为）→格式选择STL
	2.Options（选项）
	设定 Conversion Tolerance（转换误差）为 0.001in 或 0.0254mm
	设定 Surface Plane Angle（平面角度）为 45.00
sketchup	不能直接导出STL格式，可以通过第三方插件导出，或者使用3Dmax打开数据，再导出为STL格式
Think3	File（文件）→Save As（另存为）→格式选择STL
UG/NX	1.File（文件）→Export（输出）→格式选择STL→输出类型选择 Binary（二进制）
	2.设定 Triangle Tolerance（三角误差）为 0.0025
	设定 Adjacency Tolerance（邻接误差）为 0.12
	设定 Auto Normal Gen（自动法向生成）为 On（开启）
	设定 Normal Display（法向显示）为 Off（关闭）
	设定 Triangle Display（三角显示）为 On（开启）

为何大多数3D打印机只能识别STL或OBJ格式的文件呢？这件事情说来话长，就像为什么大多数的图片都是jpg或gif格式一样，这其实是个历史遗留问题。

在此扫盲一下3D打印数据格式：STL、OBJ、AMF、3MF。

（1）STL格式的前世今生

STL格式是由美国3D Systems公司于1988年制定的，是一种为快速原型制造技术（其实就是3D打印，只不过那时候还没这么叫）服务的三维图形文件格式。前面讲过3D Systems公司是全球最早的3D打印公司，也是规模最大的3D打印公司。

STL文件不同于其他一些基于特征的实体模型，STL用三角形网格来表现3D模型，只能描述三维物体的几何信息，不支持颜色材质等信息。这下明白为什么会丢失那么多重要信息了吧！STL就是个简化版的3D模型（图5-4）。

STL文件有2种类型：二进制文件（BINARY）和文本文件（ASCII格式）。从前面的表里可以看出二进制文件更加通用一些。

但是正因为数据简化，格式简单，STL使用起来非常方便，再加上3D Systems公司快速发展并大力推广STL格式，STL已经成为3D打印事实上的数据标准。

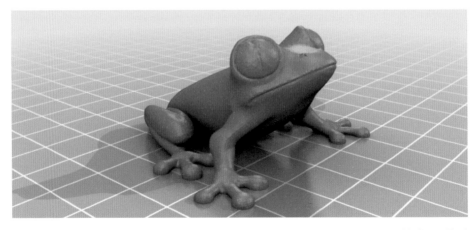

图5-4　STL格式3D模型

（2）OBJ格式的前世今生

OBJ文件是Alias Wavefront公司（现在已被Autodesk公司收购）为它的一套基于工作站的3D建模和动画软件"Advanced Visualizer"开发的一种标准3D模型文件格式，很适合用于3D软件模型之间的数据交换，比如在3DMax软件中建了一个模型，想把它调到Maya软件里面渲染或动画，导出OBJ文件就是一种很好的选择。

OBJ主要支持多边形（Polygons）模型，不包含动画、材质特性、贴图路径、动力学、粒子等信息，也是一种简化版的3D模型。

由于OBJ格式在数据交换方面的便捷性，目前大多数的三维CAD软件都支持OBJ格式，一部分3D打印机（主要是桌面级的3D打印机）也支持使用OBJ格式进行打印。

虽然OBJ格式诞生得晚一些，也比STL有所进步，但并无实质区别。对OBJ格式的支持更多地是为了避免STL对3D打印格式的完全垄断。

（3）格式标准之争，未来属于谁？

3D打印这样一个制造业的明日之星，还在用30年前制定的数据格式，这好像有点说不过去。随着越来越多的巨头进入3D打印行业，数据标准之争显得越来越重要，谁制定了新的标准，谁就掌握了行业话语权。

一大阵营是国际标准化与标准制定机构ASTM（听名字就比较权威喔！）力推的新数据格式"AMF"（Additive Manufacturing File Format）。

AMF是以目前3D打印机使用的"STL"格式为基础、弥补了其弱点的数据格式，新格式能够记录颜色信息、材料信息及物体内部结构等。

AMF标准基于XML（可扩展标记语言）。采用XML有两个好处：一是不仅能由计算机处理，人也能看懂；二是将来可通过增加标签轻松扩展。新标准不仅可以记录单一材质，还可对不同部位指定不同材质，能分级改变两种材料的比例进行造型。造型物内部的结构用数字公式记录，能够指定在造型物表面印刷图像，还可指定3D打印时最高效的方向。另外，还能记录作者的名字、模型的名称等原始数据。

虽然AMF由国际标准化组织推出，有成为新一代3D打印数据标准的潜力，但没有大公司支持是硬伤。

另一大阵营就是由微软牵头的3MF联盟，于2015年推出全新的3D打印格式——3MF（3D Manufacturing Format）。

相较于STL格式，3MF档案格式能够更完整地描述3D模型，除了几何信息外，还可以保持内部信息、颜色、材料、纹理等其他特征。3MF同样也是一种基于XML的数据格式，具有可扩充性。对于使用3D打印的消费者及从业者来说，3MF最大的优势是很多大企业支持这个格式。

虽然来得晚，但是实力强啊！看看3MF联盟的创始成员：Microsoft、HP、Autodesk、Dassault Systems、Netfabb、SLM Solutions、Shapeways，个个都是巨头！加上微软宣布WIN8.1和WIN10对3MF打印格式的支持，摆明了就是来抢班夺权的。

截止到2016年年底，加入3MF的行业巨头已经有14家了（图5-5），几乎涵盖了3D打印行业的所有领导厂商，连STL标准的制定者3D Systems公司也不得不加入其中，可以预见未来一定属于3MF。

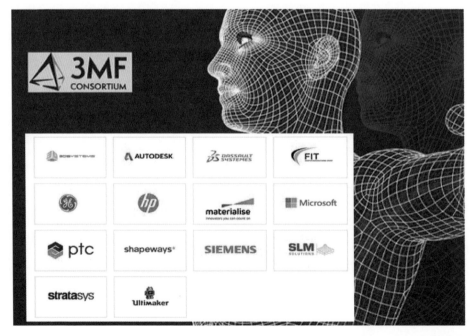

图5-5　3MF联盟成员

支持3MF来取代STL，除了对巨头们的仰慕之情，更多的是作为用户的切肤之痛：看起来非常完美的3D设计作品，一转换格式就冒出一大堆问题：表面破损，细节丢失，边缘重叠，没有颜色。只好费时费力修补，有时候修补的时间比新建模型的时间还长。说起来费口舌，还是放张图片（图5-6）直观一点。

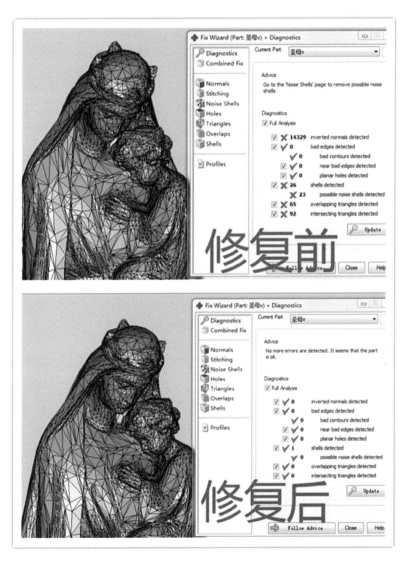

图5-6　STL格式3D数据修复

这些代表错误的红叉叉简直看得人火冒三丈。可以这么说,70%以上的三维CAD数据转换成3D打印格式都会存在问题,这导致了很多3D数据不能被使用或者使用的效率很低。如何建立更好的数据格式标准,从而更好地挖掘3D数据宝藏,是摆在我们面前的一道难题。

那么有没有不用转换直接使用三维CAD数据打印的路子呢?目前没有,这也许是另一个机会。

想到几个CAD领域未来的商业机会,在此罗列一下,大家可以探讨。

机会一:基于互联网的、简单易用、功能强大的三维设计工具。可以采用基础功能免费、高级功能收费的模式,或者个人用户免费、企业用户收费的模式。

机会二:能把各种三维CAD数据完美转换成3D打印格式的工具,或者能快速自动修复3D数据的工具,或者无需格式转换就能直接3D打印的工具。

机会三:建立3D大数据中心,并通过人工智能进行大数据分析,形成设计"智库",所有设计者都可以从智库中获取知识优化设计,例如想设计一把椅子,输入你的设计需求,智库会自动分析数据库里成千上万的椅子设计数据,并把最优的设计方案推荐给你,你无需从头开始,只需直接使用推荐的设计或者在此基础上做适当的修改即可,甚至无需设计,直接订购这把椅子即可。

CAD这个领域看起来狭窄而专业,似乎没有太大的商机。但我的观点恰恰相反,这个行业有很多的机会,上面列出的这三个机会只要做成了,绝对有可能成为独角兽级别的企业。原因何在?这样的工具和服务会帮助每个人都成为创造者和设计者,结合3D打印可以进一步成为制造者和销售者,人人都可以创造和制造产品,这种去中心化的商业模式,甚至有可能会取代现在的电子商务。

图5-7　突破壁垒

5.2　拷贝和复制

　　获取3D内容的第二种途径是拷贝和复制。很多时候我们并不需要创造内容，只需要把已经存在的事物变成数字化的内容。例如家里的宠物、佩戴的首饰、在博物馆看到的文物等。

　　这样的需求，就是把真实的世界3D化虚拟化，现阶段这样的需求有两种可以实现的方式：

　　① 照片建模；

　　② 3D扫描建模。

5.2.1　照片建模

　　你当然可以提供照片找专门的建模人员进行3D建模，但这种方式成本比较高，专业人员也不好找。有没有可能自己就把这个问题解决了？例如通过一组照片自动生成一个3D模型呢？听起来像天方夜谭，但这样的软件已经有了，最出名的是Autodesk公司的123D Catch（图5-8）。

图5-8　Autodesk 123D Catch

　　123D Catch是一款在线使用的软件，它利用强大的云计算能力，可将一组多角度的数码照片迅速转换为逼真的3D模型。使用傻瓜相机、手机或单反相机抓拍的物体、人物或场景照片，都可以转换成3D模型。

　　转换的流程大致是图5-9这个样子。

拍照设备　　　　　　　　　一组照片　　　　　　　　　3D模型

图5-9　照片建模过程

功能很强大是不是？ 而且 123D Catch 还是一款免费的软件，这么好的东西必须分享给大家，推荐去官方网站下载 http://www.123dapp.com/catch。

　　非常不错的产品，可惜由于服务器在国外，有时候会打不开网页，合成 3D 模型的效率也比较低。再加上 123D Catch 还不是一款商业化的软件，一直在做产品的调整和整合，所以稳定性方面还不够，个人玩玩可以，不太推荐大家用于商业用途。图 5-10 是一个用 123D Catch 合成的3D 模型。

　　如果 123D Catch 用不了，大家还可以试试 Autodesk 另一款类似的软件 Remake，Remake 可以认为是 123D Catch 的升级版，功能更加强大一些，稳定性也有所改进。官方网址 https://remake.Autodesk.com，目前也是免费的。

　　国内外也有一些类似的照片建模软件，功能和原理都差不多，但就模型合成的质量而言，目前没见过比 123D Catch（Remake）更好的免费软件了。收费的专业软件另当别论。

图 5-10　123D Catch 合成的玩具熊 3D 模型

虽然照片建模过程看起来非常简单，但是这类软件也不是一点门槛没有，比如对于照片怎么拍就有要求。以123D Catch为例，为了帮助大家提高成功率，书生挑几个重要的说一下。

拍摄要求：
- 环绕物体拍摄，被拍摄物体必须完全静止；
- 避免闪烁的光线，不要使用闪光灯；
- 光线均匀，避免强烈的明暗变化；
- 避免物体表面反光；
- 最好用固定焦距拍摄，不要有焦距变化；
- 背景不要有反光；不要跟物体颜色相融。

大小比例：
- 保证整个物体都在视窗内，尽量居中；
- 照片中的物体大小均匀，不要忽大忽小；
- 物体应占据照片的大部分区域。

照片过渡：
- 相邻两张照片需要一定程度的重叠。

照片数量：
- 足够数量，最好在20张以上；
- 123D Catch不要超过70张。

教你拍出一组能
转换成3D的照片

软件和注意事项都有了，预祝各位首次照片建模圆满成功！

这种一张张拍照片的方法简单倒是简单，可是效率有点低，也有一定的局限性：比如只能拍摄静止的物体，没办法捕捉人物动作。那么有没有效率更高的办法呢？当然有，那就是相机矩阵。相机矩阵通过不同位置的多台相机同时拍摄，可以瞬间拍摄出360°无死角的全景照片，记录被摄者的任何pose，之后用软件就可以轻松合成为3D模型了。这种方法效果和效率都很好，唯一的问题是成本有点高，几十台单反相机就是一大笔钱，如果你是土豪，可以考虑这种拍照方式（图5-11）。

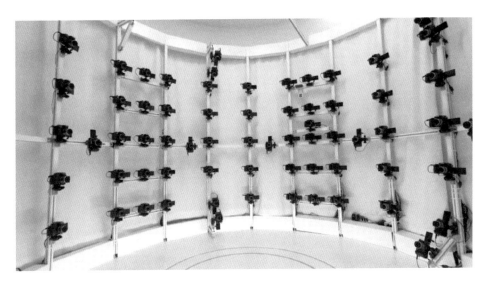

图5-11　相机矩阵

相机矩阵最早用于好莱坞电影里的动作捕捉，应用于3D打印领域只能算是副业，不过对于3D打印人像这些领域，相机矩阵的成本比起高精度的3D扫描仪，也高不到哪里去。瞬间成像能节省许多时间，被拍摄者也不需要长时间保持不动，倒是能提升用户体验，综合算下来可能还更划算一些。

在所有的3D建模方法中，照片建模可以说是操作最简单最容易普及的方式，每个人手上的手机就是现成的拍照设备，现在手机拍照的像素越来越高，拍出来的照片也越来越清晰，完全可以满足照片建模的要求。有了手机这个最方便的照片采集器，基于云计算技术，利用互联网提供在线的3D建模服务，是一种不错的应用模式。如果技术水平能够更进一步，模型的精细程度能够进一步提升，就有商业应用的价值了。

这些合成的3D模型除了可以用来3D打印外，还可用于个性定制的商业服务，也可以用于游戏角色，网络社交、虚拟现实等领域，具有很大的扩展应用空间。目前已经有一些手机APP通过照片建模功能采集数据并进行个性化定制的商品销售，最近我在朋友圈看到一个主打定制皮鞋的APP，只要你用手机拍几张足部的照片，然后通过APP上传，就可以下单订购一双为你的脚型定制的鞋垫或者皮鞋，这个思路很不错。

不少巨头也在涉足这个领域，最新的消息是，华为公司刚刚发布了号称"首款双摄3D建模手机"的荣耀V9。通过激光对焦快速获得人脸数据，双镜头测算空间深度信息，能自动3D建模生成立体头像，可实现更换发型、匹配身体、3D打印等好玩功能。在未来更可以进行未来购物、3D试衣等。把照片建模变成了手机的一项标配功能，真是有趣。

5.2.2　3D扫描建模

用过照片建模的人会发现几个比较突出的问题：

① 合成的3D模型不够精细，例如人物的五官看起来比较模糊；

② 合成的成功率不高，不知道是照片的问题还是软件的问题；

③ 对拍照的水平有一定要求，而且比较费时。

照片建模技术出来的时间不长，还不太成熟，出现上述问题是正常的。

如果需要更精细、更真实地复制已有的物体，就需要更成熟、更先进的复制技术，采用3D扫描才能满足要求。

3D扫描技术广泛应用于工业领域，在逆向设计中发挥着重要作用。什么叫逆向设计？学术一点讲就是从实物样机到数字样机再到实物样机的过程，书面一点讲就是参考和借鉴已经存在的产品设计，通俗一点讲就是：抄数。

书生早年在国内最早的汽车设计公司混过几年，那几年正是中国汽车产业蓬勃发展大干快上的年代，书生也参与和见证了很多自主品牌从无到有、从山寨到创新的发展过程。

发一个当年的老段子：有一位煤老板想做汽车，公司销售给他介绍："汽车的开发有两种主要的方法：一是正向设计，即从效果图开始、到造型、总布置、车身、底盘、电器、试制等按部就班一步步来。国外就是这么干的。"煤老板一听挺高兴："这个好这个好！技术含量高"。可一听设计周期和投入，不禁倒吸一口凉气："开玩笑！3年才能有小成，等车出来我都破产了！赶紧换别的方法！"

还真有别的方法，那就是逆向设计。

逆向设计的过程如图5-12、图5-13所示。

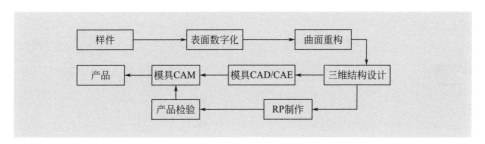

图5-12　产品逆向设计流程

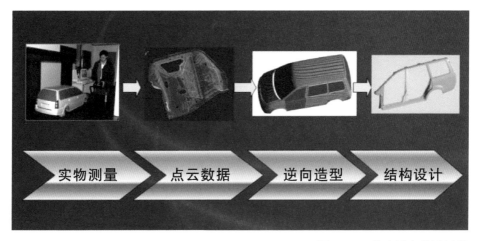

图5-13　汽车逆向设计过程

逆向设计看起来很高深的样子，其实核心就四个字：3D扫描。

3D扫描通过对物体空间外形和结构及色彩进行扫描，获得物体表面的空间坐标。它的重要意义在于能够将实物的立体信息转换为计算机能直接处理的数字信号，为实物数字化提供了方便快捷的手段。

3D扫描的原理可以类比照相机拍照的原理，两者不同之处在于相机所抓取的是颜色信息，而三维扫描仪抓取的是位置信息。照相机的图片由很多像素点构成，扫描仪的点云由很多坐标点组成。

3D扫描形成的点云（Point Cloud）长成这样（图5-14），描绘了物体的轮廓形状。

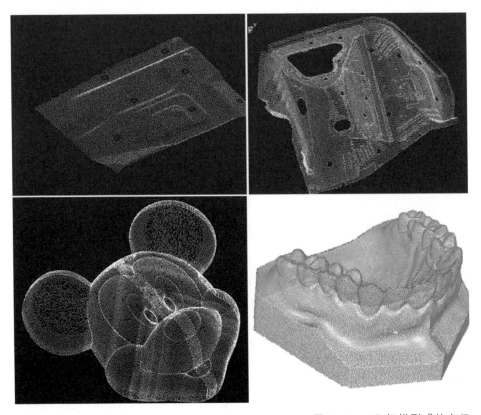

图 5-14　3D 扫描形成的点云

当年我们是怎么做的呢？买一辆对标的车型（什么叫对标车型？就是客户提供的打算逆向设计然后价格卖得比它低的车型），通过3D扫描仪扫描整车外观，然后进行拆卸，在拆下来的零部件表面喷上白色的显像粉末，扫描零部件外观和内部结构，之后把扫描出来的点云数据导入到处理软件进行处理，生成曲面或实体模型，再导入三维CAD软件如CATIA、UG进行后续的结构设计和装配设计。这个过程效率非常高，基本2到3个月我们就可以完成一辆整车的结构逆向。

3D扫描仪（俗称抄数机）这个高科技设备在其中发挥了主要作用，而且那个时候扫描仪非常昂贵，昂贵到什么程度呢？光是扫描仪配的机械臂就得几万美金。因此，在公司的PPT里，那几台进口的3D扫描仪出现了无数次，成为了我们公司实力雄厚技术高深的最佳代言。

十几年过去了，3D扫描技术进步很快，机器也便宜了很多，但某些自主品牌还在简单地逆向设计，中国的汽车也因此广受诟病。

汽车行业的应用只是3D扫描技术应用的冰山一角。现在3D扫描已经成为数字化内容创建的基础技术，在产品开发、文化创意、空间测绘（图5-15）、3D打印领域得到广泛应用，未来在虚拟现实（VR）内容创建方面也会发挥重要作用。

图5-15　3D扫描的马里亚纳海沟

我们来回顾一下3D扫描仪的进化史。

20世纪90年代那时候名叫三坐标测量机，用探头一个点一个点地接触式测量物体，主要用于对零件的形位公差进行检查。三坐标测量机体积庞大，需要专门场地摆放，在当年那绝对是高精尖设备（图5-16）。

书生刚工作时的汽车厂就有几台，记得当时给单位做宣传彩页，厂长千叮万嘱：一定要把我们的三坐标写上，这是咱们厂的门面，别忘了配张照片！

随着技术的不断进步，现在的3D扫描仪不仅小型化了，而且基本都是非接触式的了，主要分为以下几种。

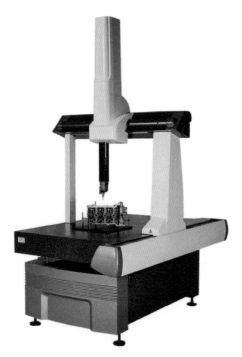

图5-16 三坐标测量机

图5-17 拍照式3D扫描仪

（1）拍照式

拍照式3D扫描仪（图5-17）因其扫描原理类似于照相机拍摄照片而得名，人像扫描很多就用这种。

主要特点：

■ 扫描速度极快，数秒内可得到100多万点；

■ 一次得到一个面，测量点分布非常规则；

■ 精度较高，一般在0.02~0.05mm；

■ 便携，可搬到现场进行测量；

■ 可对无法放到工作台上的较重、大型工件（如模具、浮雕等）进行测量；

■ 大型物体可分块测量、自动拼合。

拍照式3D扫描仪又分为白光扫描和蓝光扫描两大类，相比之下蓝光的抗干扰性强，精度更高，但价格更贵。

主要的品牌（排名不分先后，下同）：

国外：阿泰克Artec、GOM ATOS、形创Creaform、博尔科曼Breuckmann等；

国内：先临三维、北京天远、

上海数造、深圳华朗、精易迅等。

（2）关节臂式

这种扫描仪因为带有可活动伸缩的关节臂而得名。我们当时逆向设计汽车，测量结构最复杂的车身用的就是这种（图5-18）。

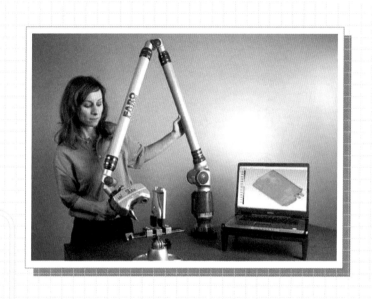

图5-18　关节臂式扫描仪

主要特点：

■ 便携性：轻便易携带，满足随时随地测量需要；

■ 精度高：最高精度可达0.016mm；

■ 测量无死角：实现任意空间点位置和隐藏点的测量；

■ 测量范围宽广：扫描范围可达数米，并可以扩展到更大范围的测量。

主要品牌：

国外：海克斯康、FARO、尼康仪器、ScanFlex（福莱德）等；

国内：暂时没看到。

图5-19　激光跟踪式3D扫描仪

图5-20　激光3D扫描仪

（3）激光跟踪式

这个主要用来做远距离测量测绘和扫描大型物体（图5-19）。

主要特点：

■ 大尺寸测量，扫描范围广，可对大型设备、建筑物这类的物体进行测量；

■ 高精度：扫描精度可达0.003mm；

■ 价格昂贵。

主要的品牌：

国外：徕卡、I-Site、Riegl、FARO、Trimble等；

国内：北科天绘、拓普康等。

（4）激光扫描式

激光式与拍照式的差别是用激光光线进行测量，桌面式和便携式用得比较多（图5-20）。

优点：扫描速度快，便携，方便，适用于对精度要求不是非常高的物体。价格便宜。

缺点：扫描精度比拍照式扫描仪还要低一些。

主要的品牌：

国外：Creaform形创、柯尼卡美能达、FARO、3D Systems等；

国内：深圳华朗、北京荣创等。

除上述产品之外，创客圈一度很流行把微软XBOX的体感互动外设Kinect改造成3D扫描仪。以至于微软官方也发布了一款基于Kinect的APP——3D Scan以支持这种改造，但精度跟产品化的扫描仪比还是有差距。

从企业级到消费级，从大型化到小型化，从单一功能到多种功能。这几乎是所有神器的进化路线。对于 3D 扫描仪的未来，书生看法如下：消费级的肯定是与手机等移动终端结合，直接把手机变成 3D 扫描仪；工业级的趋势肯定是功能集成化，3D 扫描建模打印功能一体，扫描完成后自动处理 3D 模型并同步打印。

国内外已经有一些这样的产品出现，来看看这个号称全球最小的、做成手机外设的 3D 扫描仪 Bevel，如图 5-21 所示。

图 5-21　做成手机外设的 3D 扫描仪

Bevel 看起来非常小巧，但它真的是一台激光扫描仪，具备 3D 扫描功能。至于扫描合成 3D 的效果，看视频介绍也是不错的，比拍照合成的要好一些。可以预见不久的将来连外设都不需要了，手机会自带扫描头，或者跟摄像头整合为一体，成为手机的标配。现在已经有一些手机号称有3D 扫描功能，仔细了解下来其实都是拍照合成的功能，之所以宣传为 3D 扫描，是为了显得高端大气而已。

然而趋势已定，每个人都是内容的创造者和传播者，这一天很快就会来临。

5.3　利用公共资源

上面两种获取 3D 内容的方法都需要自己动手，对大多数人来说还是

有些困难，那么有没有不用自己动手就能获得内容的方法呢？这就是第三
条道路：利用公共资源。

很多时候你并不需要创建3D内容，例如你想打印一个埃菲尔铁塔或
者星球大战的机器人，自己建模完全没必要，你很容易通过互联网找到这
些3D数据。

今时今日所有数字化的内容，都能够很方便地通过互联网进行分享和
传播。前文提到的"google art project"提供博物馆收藏品的3D数据
分享和下载，再介绍几个我常去的3D内容分享平台。

（1）Shapeways（网址http://www.shapeways.com）

Shapeways是全球第一的在线3D打印社区（图5-22）。以帮助设

Golden Snitch Harry Potter Ri...
$86.90 by Urbano Rodriguez...
♥ 24

Twiggy Earrings
$65.00 by Virtox
♥ 44

Flame Alpha Pendant
$26.00 by Bathsheba Sculptu...
♥ 72

DNA Teardrop Pendant
$139.99 by Günter Art & Des...
♥ 131

earrings "Swing girl"
$12.49 by dora
♥ 81

Asteroid Pendant
$24.99 by Quantitative Design
♥ 82

Valentine Polyoptic Pendant i...
$35.00 by Up To Much
♥ 4

Lion Ring
$59.00 by Disculpt
♥ 123

Guilloche Necklace
$50.00 by Alienology
♥ 96

Snake Ring (various sizes)
$79.74 by Pookas
♥ 223

O. vulgaris
$89.88 by Museum of Small ...
♥ 257

Kitty cat Pendant
$19.00 by rustylab
♥ 131

图5-22　Shapeways网站

计师和3D打印玩家销售他们的3D设计或3D打印制品为主要服务，是
3D打印电子商务模式的开创者，2014年网站的月均订单就已经超过18
万件。Shapeways聚集了大量的3D设计师和3D打印爱好者，同时也
产生了海量的设计数据，

优缺点

优点：全世界顶尖创客聚集地，各种有创意高逼格文艺范的
3D打印实物或模型数据。

缺点：收费。

（2）Thingiverse（网址http://www.thingiverse.com）

Thingiverse是知名3D打印机厂商MakerBot的数据分享社区（图
5-23）。专攻3D打印模型，而且全场免费。可打印模型非常多，很多还

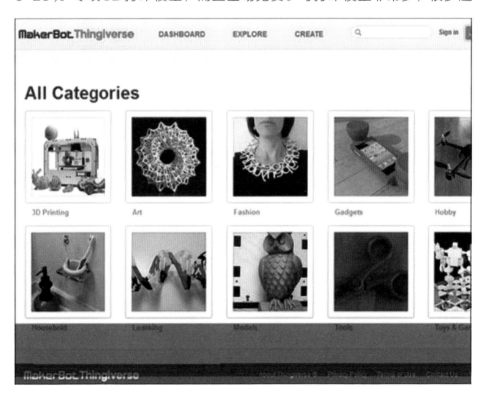

图5-23　Thingiverse网站

附带模型制造者或者其他用户填写的打印配置指南。如果你自己有一台
3D打印机，想找几个漂亮的模型，可以去Thingiverse搜索一下。

 优缺点

优点：全是可打印的3D模型，而且免费下载数据。

缺点：主要以FDM 3D打印机能够打印的模型为主。

（3）GrabCAD（网址http://www.grabcad.com）

GrabCAD是一个机械设计工程师的交流分享社区（图5-24），为工
程师提供海量的免费三维CAD数据下载，并提供在线的设计协同服务。
GrabCAD目前已经有100多万的工程师用户，是全球最大的机械CAD
模型下载网站，网站上有各种非常不错的三维模型，从飞机汽车机械到日
用品艺术品都有，非常值得推荐。

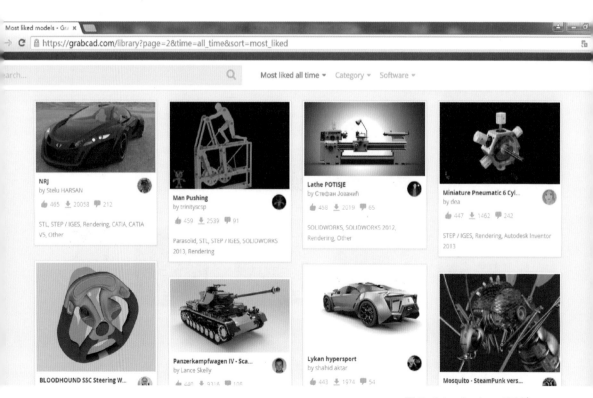

图5-24　Grabcad网站

优缺点

优点：有很多源设计格式的三维CAD数据，且完全免费。

缺点：很多没有3D打印数据格式STL，需要自己转换，复杂的模型转换失败率很高。比如说排名靠前的很多汽车3D数据看起来很漂亮，但基本都没法打印出来。

（4）PARTsolutions（网址http://partsolutions.com）

PARTsolutions是全球最大的零部件3D数据网站（图5-25），主要提供多国标准的标准件3D数据和知名供应商的零部件3D数据，如果你在做装配设计时需要标准件或通用零部件的3D数据，去这里下载是不错的选择。

图5-25　PARTsolutions网站

优缺点

优点：模型很实用，对机械产品设计非常有帮助。

缺点：主要以零部件和标准件3D数据为主，没有太多炫酷的模型。

国内的3D内容网站：

三维资源在线（网址http://www.3dsource.cn）（图5-26）。这个网站最近改名叫制造云了，跟PARTsolutions类似也是主要面向机械设计工程师。网站上标准件、机械零部件和设备类模型非常多，这两年也增加了一些工业设计和建筑类模型。

图5-26　3Dsource网站

优缺点

优点：中国的网站，访问速度快，机械类的模型非常多。

缺点：没有STL格式需要自己转换，精品模型比例低，部分模型需要付费。

类似的数据下载网站国内还有很多，几乎每个3D打印的资讯网站和3D打印机生产厂商的官方网站都会提供一些3D打印的模型数据下载，但大多数都是扒拉国外网站的模型凑数的，不提也罢。

鉴于书生以前主要使用机械CAD软件，这些推荐的网站多以自己工作中常去的为主。如果是需要3Dmax之类的模型下载，也有很多的免费的或付费的网站可供选择，如国内的3D侠、3d溜溜，国外的3DDD等等，资源都非常丰富，也是很不错的。不过数据下载之后如果要用于 3D 打印，得自己动手转换成 STL 等格式，稍微有点麻烦。

最后一个资源网站：万能的淘宝。淘宝上也有一些店铺原创或收集了不错的 3D 模型进行售卖，其中也不乏精品，感兴趣的自己去找。

分析国外这些 3D 内容平台的商业模式，顶层设计的思路很清晰，那就是内容、服务、硬件三者结合。Shapeways 通过网站聚集了大量的设计师，提供从设计到打印到销售的全流程服务，一站式解决问题，形成了独特的定制化电商模式。Thingiverse 作为 MakerBot 旗下网站，通过 3D 数据和用户社区来聚集人气，从而拉动打印机硬件的销售。GrabCAD 网站 2014 年被 3D 打印厂商 Stratasys 收购以后，也逐渐在往这个方向走。

反观国内的 3D 打印行业，内容、服务、硬件几乎是分离的，做硬件的厂商只管造机器然后发展经销商或放到电商平台上售卖。做内容的厂商找不到跟硬件的结合点，没有盈利模式，只能靠售卖数据勉强维持。投资人更是只愿意投硬件赚快钱，对做内容平台这样的项目不屑一顾。

这样下去 3D 内容产业如何发展，前景堪忧。

5.4 3D 内容的知识产权问题

说到 3D 内容这个话题，就一定绕不开知识产权保护的问题。3D 打印根据数字化的 3D 模型进行制造，数字化模型的知识产权本身就很难界定，全世界各国、包括 3D 打印技术最发达的美国在这个领域的法律体系建设都还处于探索阶段，由此也将产生一系列法律问题。

举几个典型的例子：游戏里的人物角色从知识产权角度讲属于游戏公司，但是有玩家很喜欢这款游戏，就希望得到游戏角色的手办，需要的人多了，自然就有商家提供 3D 打印手办的服务，但这个手办的 3D 数据是玩家从别处找来给商家的，商家只是提供了打印，认为自己并不侵权；一位设计者看到某网站有自己设计作品的 3D 数据，于是跟网站交涉要求网站下线这个数据，但网站认为数据是第三方上传的自己仅提供下载而且是免费的，不存在侵权的问题，而且要求设计者证明他是这个作品的原创者；某国政府明令禁止网站提供枪支3D数据的下载，但这些数据第二天就出现在反版权网站海盗湾（The Pirate Bay）上并可以公开下载。这些问题无疑都是3D打印带给法律秩序的新挑战，虽然相关的诉讼并不鲜见，但是截至目前也没有看到太成功的维权案例。

这个问题笔者的看法是堵不如疏，在行业发展初期，就让它野蛮生长又有何妨？太多的条条框框，看似规范了行业，同样也限制了发展。除了枪支武器这一类的3D数据共享由于可能产生社会危害性应该被明令禁止以外，其他的3D数据现阶段就由它自由传播吧。

何况传播本身就会创造价值。红楼梦要不是手抄本也不会成为名著；一首歌无人传唱就不会流行。3D内容也一样，好的作品被大家分享和传播，实际上是在塑造设计者的品牌，这会带来长期的回报和收益。

本章视频教程：创建3D内容的方法。

第 **6** 章
神器不神奇，拆机看3D打印

3D printing: 3D 打印：从技术到商业实现
from technology to business

内容的问题聊完了，接下来我们聊一聊硬件——3D打印机。

3D打印机主要分为两个大的类别：面向个人用户的桌面级3D打印机和面向企业用户的工业级3D打印机。桌面级打印机通常打印的尺寸比较小，打印精度比较低，机器和材料的价格比较便宜。而工业级打印机成型尺寸大，打印精度高，机器和材料价格比较昂贵。

3D打印在2013年一夜之间成为网红，媒体铺天盖地的报道几乎实现了全民扫盲，很多企业嗅到了其中的商机，认为个人消费3D打印机的时代已经来临，于是把业务重点放在个人用户市场（To C），希望通过营销攻势把3D打印机变成像家用电器一样不可或缺，想一想也是，如果能够实现3D打印机在家庭的普及，那可是千亿级乃至万亿级的生意！

几年过去了，结果如何呢？ 3D打印机在To C市场可以说是一败涂地，除了少量性价比高的产品获得了一定的个人用户市场外，大多数走高端路线的或走山寨路线的产品都没能活下来，淘宝上3D打印机的销量从最红火时的每月上千台下降到现在的几十台，甚至昔日全球桌面级3D打印机的龙头Makerbot在这个市场也撑不下去，只好在2016年宣布退出。

失败的原因当然很多：缺少3D内容、可打印材料太少、打印机价格太贵、使用门槛太高这些都是重要原因。但最为关键的一点书生认为是对用户需求的过于乐观，现阶段用户对3D打印机的需求并非真正的刚性需求，在大家的认识里3D打印机就是一台加工制造设备，跟日常生活的关系不大。这个观念没转变过来，普及就很难。只有当3D打印机成为一种生活用品（例如可以打印出能吃能用的东西，而不只是摆设）或者谋生工具（例如可以通过3D打印机开办个人工厂赚钱），才会真正成为刚性需求，走进千家万户。

对大多数人来说，3D打印机还只是存在于传说中的神器，虽闻名已久但从未谋面。下面我带大家了解一下神器的真面目。

6.1 桌面级3D打印机

鉴于很多人都没真正见过3D打印机，或者只是见过外表不知道里面是什么样子，在这里先挑最简单的扫个盲，常见的FDM桌面级3D打印机，外观如图6-1所示。

拆开之后里面如图6-2所示。

没什么特别的地方，就是一台比较普通的机电一体化设备，感觉还不如办公用的喷墨打印机结构复杂。

图6-3是一台国产的FDM 3D打印机，外形和结构跟MakerBot差不多。

那一卷白色的塑料丝就是3D打印的原材料。塑料丝经过高温熔化后从打印头喷出，然后开始层层堆积打印物体（图6-4）。

内部的线路，像拆开的台式电脑机箱（图6-5）。

控制的电路板和芯片如图6-6所示。

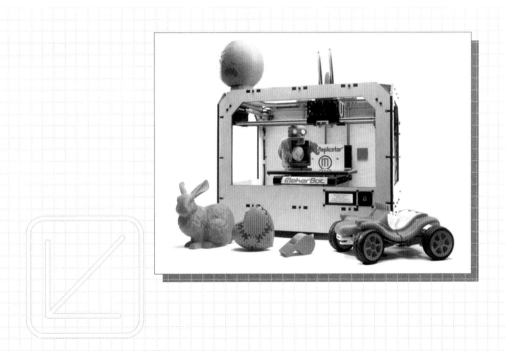

图6-1　MakerBot 桌面级3D打印机

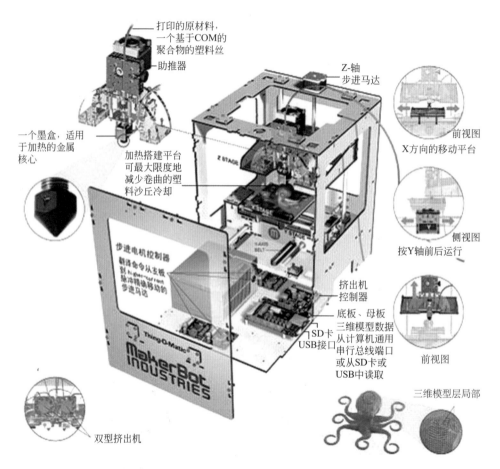

打印的原材料，
一个基于COM的
聚合物的塑料丝

助推器

Z-轴
步进马达

前视图
X方向的移动平台

一个墨盒，适用
于加热的金属
核心

加热搭建平台
可最大限度地
减少卷曲的塑
料沙丘冷却

侧视图
按Y轴前后运行

步进电机控制器
翻译命令从主板
到
缓冲精确移动的
步进马达

挤出机
控制器

底板、母板
三维模型数据
从计算机通用
串行总线端口
或从SD卡或
USB中读取

SD卡
USB接口

前视图

双型挤出机

三维模型层局部

图6-2 桌面级3D打印机分解图

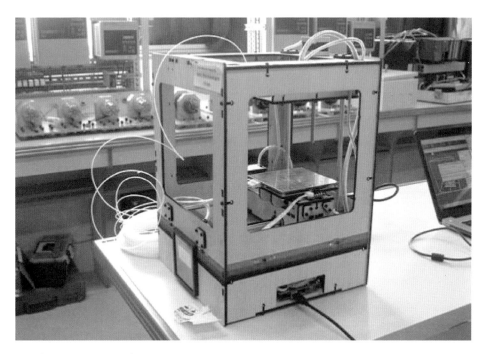

图6-3　闪铸桌面级3D打印机

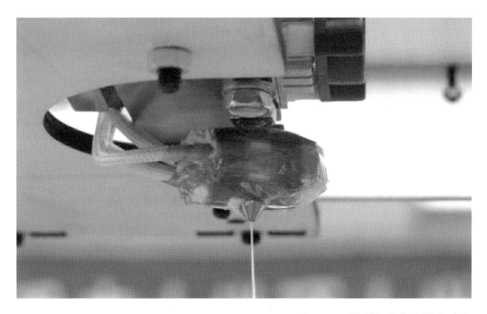

图6-4　桌面级3D打印机的喷头

图6-5　桌面级3D打印机的内部线路

图6-6　桌面级3D打印机的电路板

　　看了这许多张图，罗列一下，一台典型的FDM桌面级3D打印机主要包括以下这些组成部分。

　　① 打印机的框架。起支撑机器的作用。常用的材料为铝合金、亚克力或者航空木板。

　　② 打印传动部分。用于控制打印头的运动位置。主要包括光轴、同步带、同步轮、丝杆（螺杆）、丝杆螺母、步进电机、联轴器等，根据轴

的安装方式可以选择直线轴承或者轴套，或者更进一步用直线导轨。还可能用到少量滚珠轴承。

③ 挤出机。用于传送、融化并喷出打印材料。挤出机包括步进电机、冷却风扇和一个驱动塑料丝的步进电机齿轮。加热端包括一个加热块、电热管、挤出头和金属导管等。

④ 加热平台，又叫热床。热床既是放置打印物体的平台，又要防止打印的时候物体翘边。FDM打印机目前主要使用ABS和PLA这两种塑料材料，由于塑料材料的热胀冷缩会导致打印的物体翘边，把平台加热到适当的温度可以有效防止这种变形。热床一般用铝合金板或硼酸玻璃板制成，下面印刷加热电路用于加热。

⑤ 电子部分。3D打印机的大脑，用于指挥打印机进行工作。一般需要至少4个步进电机（三轴＋挤出机），对应步进电机驱动板。通常3D打印机都用到一块arduino主板，一块接口扩展板，各种电子元器件若干。如果想脱离计算机操作，还需要按键、LCD、SD卡槽等输入输出装置。

⑥ 辅助零件，包括螺丝、垫片、螺母、弹簧，不同直径的尼龙管、硅胶管、各种胶带等。

这些零部件在网上几乎都能买得到，所以很多创客热衷于购买散件自己DIY 3D打印机，如果你也想成为一名创客达人，不妨也去试试。

如果按照传动方式来区分，目前桌面级的3D打印机主要分为两大类：XYZ型和三角洲型。

（1）XYZ型

XYZ型结构的主要特点是X、Y、Z三轴传动互相独立：三个轴分别由三个步进电机独立控制（有些机器Z轴是两个电机传动同步作用）。XYZ型结构清晰简单，独立控制的三轴，使得机器稳定性、打印精度和打印速度能维持在比较高的性能（图6-7）。目前市面上大多数桌面级3D打印机都采用XYZ型结构，例如上面拆开的两款，甚至有个3D打印机的品牌就叫做"XYZprinting"，真的是很会取名字。

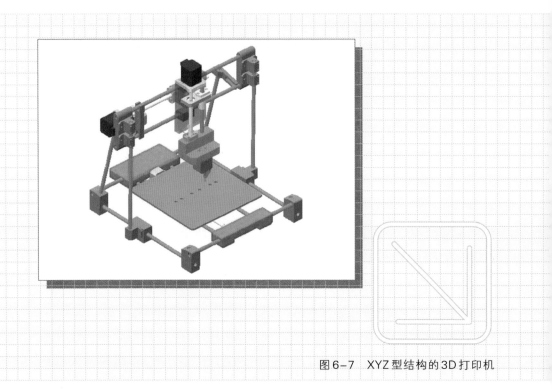

图6-7　XYZ型结构的3D打印机

（2）三角洲型（Delta）

三角洲型也叫三角并联臂型（图6-8）。三角并联臂结构是一种通过一系列互相连接的平行四边形来控制目标在X、Y、Z轴上的运动的机械结构，这种结构具有适应狭小空间，并能在其中有效工作的能力，最早用来设计一种能快速操作轻小物体的机器人。后来由于硬件和软件工程的发展带来的技术和制造成本下降，很多创客在设计自己的3D打印机时借鉴了这种三角并联臂的特点，于是就出现了如今我们常见的外形接近三角形柱体的三角式3D打印机，玩家们称为三角洲打印机。

在同样的成本下，采用三角洲型能设计出打印尺寸更大的3D打印机。三轴联动的结构使传动效率更高、速度更快。但是由于三角联动结构对曲线和曲面的坐标换算是采用插值计算的方法，造成打印精度相对不足。所以这种结构虽然被很多创客DIY 3D打印机时经常采用，但商业化销售的机器使用这种结构的并不太多。

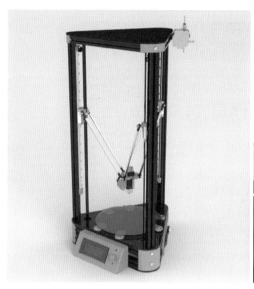

图6-8　三角洲型结构的3D打印机

出于成本的考虑，目前桌面级的3D打印机主要是FDM技术的，使用方向也集中在精度要求不高、功能要求不强的领域，例如创意设计的原型验证等。但由于面向的是个人消费者尤其是创客群体，对产品颜值的要求却越来越高，以前的方盒子造型打遍天下，现在却必须求变求新，机器的外观设计也越来越炫酷。例如2015年在知名众筹网站kickstarter众筹的TIKO，在当时曾被粉丝誉为"目前为止最好的3D打印机"。

我倒觉得叫做"目前为止最好看的3D打印机"更加准确一些，看图6-9。

不仅外观看起来简洁清新，看介绍这款打印机的功能还是不错的，众筹的价格是多少呢？179美元，约1000元人民币，跟普通的喷墨打印机价格差不多。这么低的单价却众筹了200多万美金，可见其受欢迎程度。

再来看一款堪称"目前为止最小巧的3D打印机"——PocketMaker（图6-10），由一群北京中央美术学院的学生设计开发并在知名众筹平台Indiegogo上进行众筹。PocketMaker只有巴掌大小，非常便于携带，并且价格便宜，众筹价只要49美金（约合人民币330元）。

图6-9　TIKO 3D打印机

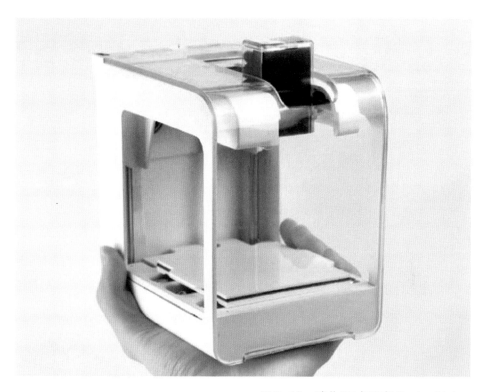

图6-10　迷你3D打印机PocketMaker

　　我觉得如果3D打印机的打印精度能进一步提升，销售价格控制在1000元以内，完全有可能占领一部分普通消费者市场。

　　图6-11是知名在线分析公司JeeQ Data发布的美国最大的电器销售网站"百思买在线"2016年四季度的3D打印机销售数据。

　　除了大家熟悉的MakerBot、3D Systems等品牌外，来自中国的XYZprinting的表现很抢眼，XYZprinting是三纬（苏州）立体打印有限公司的产品。

　　XYZprinting的成功说明了两点：

　　① 性价比很重要。便宜的东西在哪里都受欢迎；

　　② 想办法卖到国外去。外国人天生爱捣鼓，这就是商机。

　　至于国内主要有哪些打印机品牌在卖，大家自行去各大电商平台搜索，这里就不赘述了。

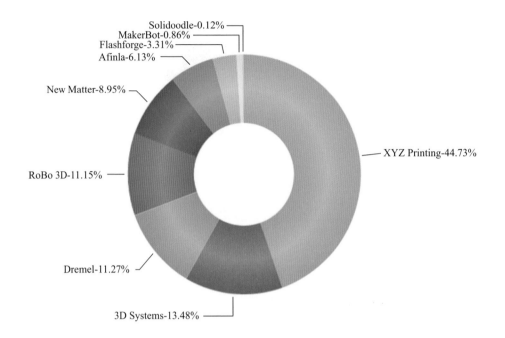

Solidoodle-0.12%
MakerBot-0.86%
Flashforge-3.31%
Afinla-6.13%
New Matter-8.95%
RoBo 3D-11.15%
XYZ Printing-44.73%
Dremel-11.27%
3D Systems-13.48%

图6-11　百思买在线2016年第4季度的3D打印机销售数据

6.2　光固化3D打印机

接下来看看光固化成型（SLA）的代表机型Form1+（图6-12）。这款机型由著名光固化3D打印机制造商Formlabs发布于2014年，是市场占有率非常高的一款桌面级SLA机型。

SLA打印机除了电子部件和机械部件外，还有激光发生器等装置，所以内部结构看起来比FDM的3D打印机要复杂很多（图6-13）。

SLA 3D打印的材料——液态的光敏树脂，如图6-14所示。

Form1+打印出来的成品还是相当不错的，毕竟是售价4万人民币的高端机型，见图6-15。

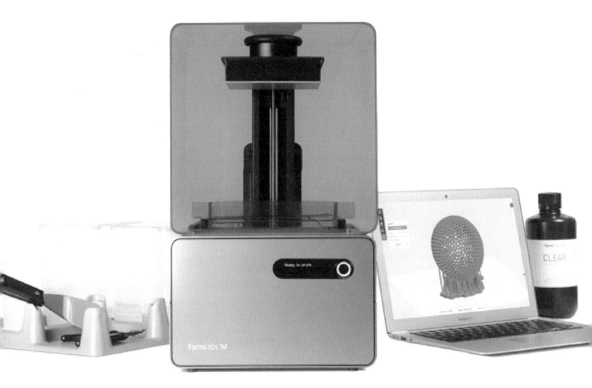

图6-12　SLA 3D打印机 Form1+

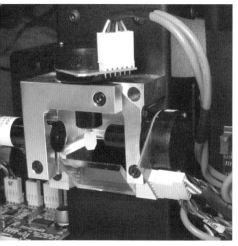

图6-13　SLA 3D打印机的内部结构

图6-14 液态的光敏树脂

图6-15 SLA 3D打印效果

光固化成型的优点是精度高、速度快、表面质量好，非常适合制作形状复杂、精度要求高的产品原型。主要缺点是材料种类有限，必须是光敏树脂。由这类树脂制成的工件在大多数情况下都不能进行耐久性和热性能试验，且光敏树脂对环境有污染，人体皮肤接触久了会过敏。

从 SLA 3D 打印机的定价来看，主要还是面向企业用户。正如 Form1+ 开发主管所说："我们的目标是让设计师和工程师拥有一个工具，在产品大规模高质量的生产之前这个工具能够帮助他们核验产品是否存在瑕疵。"很显然，Form1+ 瞄准的是产品原型制造领域。

由于 FDM 3D 打印的精度很难进一步提升，所以国内外主要的厂商都把重点转向能打印更高精度的 SLA 机型的研发，并陆续推出了一些桌面级的 SLA 3D 打印机。除上面提到的美国 Formlabs 公司的 Form 系列之外，国内也有不少品牌可供选择，如联泰、西通、智垒、XYZprinting 等，售价相对便宜一些，大约 2 万元人民币。随着越来越多的产品推出，如果桌面级 SLA 机型的价格能降到万元以内，应该会获得一定的个人用户市场，毕竟喜欢搞发明的创客还是不少的。

6.3 工业级 3D 打印机

工业级的 3D 打印机主要用于产品研发过程中的原型样件制造，在制造业已经有较为广泛的应用，对于缩短产品研发周期发挥了重要作用。随着以金属打印技术为代表的高端 3D 打印技术日趋成熟，3D 打印用于成品制造已不再遥远。2017 年最新的标志性事件是：西门子公司通过金属 3D 打印技术制造出的燃气轮机叶片（图 6-16），成功通过了 1250℃高温下每分钟 1.3 万转的满负荷测试，这完全可以替代成品，标志着金属打印技术的成熟度又上了一个新台阶。

大批量产品制造用模具，小批量产品制造用 3D 打印，将成为制造业未来的趋势。3D 打印和模具制造看起来是相互冲突的，但长期趋势必然是互相融合。3D 打印提供了产品制造的另一条道路，原来必须经过模具进行制造的产品，现在不需要模具就可以通过 3D 打印出来，这无疑会对

 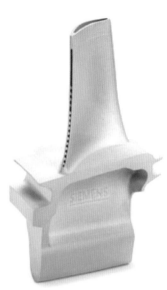

图6-16　西门子金属3D打印的燃气轮机叶片

模具制造产生冲击。但模具作为工业的基石，其地位不是这么容易被撼动的，模具的先天优势在于大批量制造，可以这么说，凡是需要量产的产品，就一定需要模具。

　　因此更可行的方式是：①利用3D打印快速制造产品原型，减少开模和试模的次数，然后通过模具进行批量的产品制造。②对于不需要批量制造的产品，直接用3D打印进行制造。

　　这种融合会给工业级的3D打印机带来巨大的商机，这两年工业级打印机的市场增长非常快，正是得益于这种融合的趋势。

　　我们来看看工业级3D打印机长成什么样。

　　（1）Zprinter650

　　三维粉末粘接（3DP）技术的代表机型，为数不多的全彩色3D打印机，市场公开报价80万元人民币左右，如图6-17所示。

　　三维粉末粘接打印过程如图6-18所示，解释一下：撒一层粉，喷头按照模型截面喷胶水，把粉末粘在一起，再撒一层，再喷胶水，如此循环直至完成整个物体。

图6-17　三维粉末粘接打印机Zprinter650

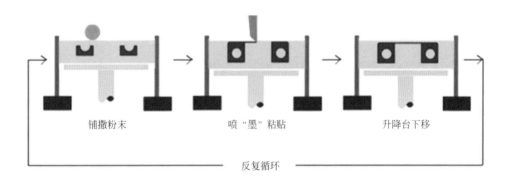

铺撒粉末　　　　　喷"墨"粘贴　　　　　升降台下移

反复循环

打印中　　　　　　最后一层　　　　　　打印成件

图6-18　三维粉末粘接打印过程

其实跟传统的喷墨打印机打印的方式类似，不同的是这个要喷很多层，形成物体的不是胶水，而是由胶水粘在一起的粉末。

彩色的是怎么出来的呢？胶水是彩色的，粉末就被染成彩色的，打印出来的物体就是彩色的。

打印完成后把物体从粉末堆里掏出来，清扫清扫就能看清楚颜色了（图6-19）。

Zprinter650能够打印全彩模型，而且打印的速度非常快，不得不说打印出来的成品还是很漂亮的（图6-20）。

（2）EOS M290

选择性激光烧结（SLS）技术的代表机型，非常知名的金属3D打印机，如图6-21所示。

激光烧结顾名思义就是用激光把材料烧结在一起，原理如图6-22所示。

图6-19　Zprinter650打印的成品

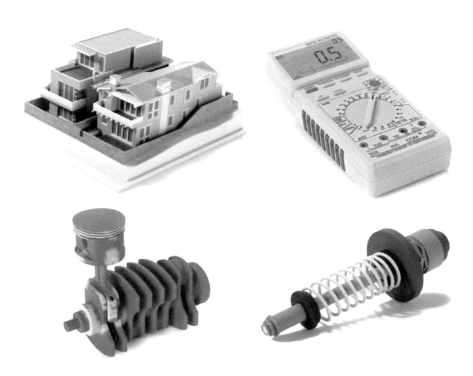

图6-20　全彩色3D打印的样件

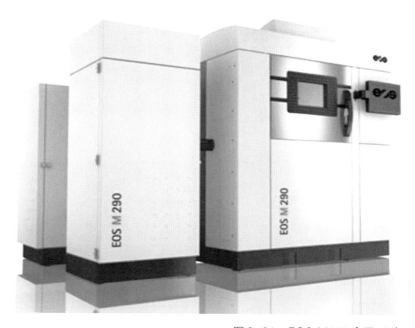

图6-21　EOS M290金属3D打印机

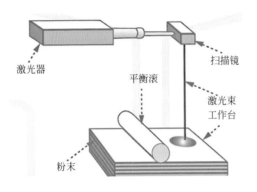

激光器

扫描镜

平衡滚

激光束
工作台

粉末

看起来跟图6-18的3DP
的有点相似，不过这个是用激
光把金属粉末一层层地烧结在
一起，直至形成物体。烧结的
时候火花四溅，就像在放烟花
（图6-23）。

图6-22　选择性激光烧结（SLS）打印机结构图

图6-23　金属烧结

原材料主要是各种金属粉末，包括不锈钢、高温合金、工具钢等（图6-24）。

打印出来的成品还是非常棒的，这基本代表了当前3D打印的最高水平（图6-25）。

图6-24 金属粉末

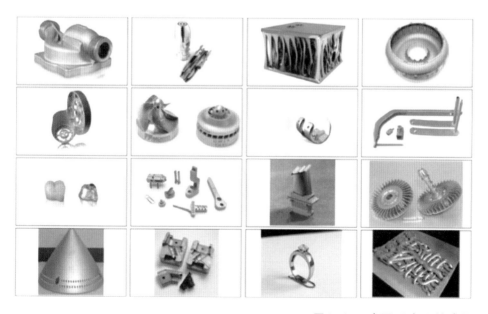

图6-25 金属3D打印的成品

当然设备也非常昂贵，基本都在数百万元，能用得起的都是真正的刚需，同时也不差钱。

看报道很多国内外公司都在研发桌面级的SLS 3D打印机，价格从几万元到几十万元不等，希望能尽快看到产品上市。金属烧结的打印件在强度上接近传统的铸造件，这已经能够满足一些产品使用性和功能性的要求了。如果价格在合理范围之内，个人开办工厂将不再是梦想。

6.4　增减材混合机床

所谓尺有所短寸有所长，传统机床的强项是3D打印的短板，而3D打印的优势又正好是传统制造的劣势。那么有没有可能将两者的优势结合起来形成优势互补呢？循着这个思路，增减材混合机床应运而生。

顾名思义，增减材混合机床是兼具增材制造和减材制造功能的机床，是3D打印机和数控切削机床的混合体，目前主要用于复杂金属零件的加工制造。通过3D打印堆积材料能够生成造型复杂的零件，但零件的尺寸精度和表面光洁度不够，需要进一步的机械加工才能满足成品要求，此时传统的切削加工登场，通过对零件的表面随形切削，实现精加工，制造出最终的成品。

一台机床既生成毛坯又加工成品，既提高了制造效率，也减少了材料浪费。图6-26是增减材混合制造出的叶片。

增减材混合机床是目前3D打印硬件的热门方向，具有比较广阔的市场前景。德国的德玛吉（DMG）、日本的三井精机等都已经推出了这一类型的机床产品，国内大连三垒、海博瑞思等公司也发布了类似的产

图6-26　增减材混合制造的叶片

品（图6-27）。但总体来说产品
成熟度有待检验，价格比较昂贵，
尚需进一步普及。

6.5 其他 3D打印机

继续看看还有哪些值得关注
的有代表性的3D打印机。

（1）巧克力3D打印机

媒体报道比较多的是巧克力
打印机是Choc Creator，到官
网看了一下目前最新的第三代产
品型号是Choc Creator V2.0
Plus 2.0，采用FDM技术，可

图6-27 国产增减材混合加工中心

以打印2D/3D造型的巧克力。作为巧克力打印机的鼻祖，Choc Creator
打印出来的效果还是不错的，看起来让人很有食欲，只是价格有点贵
（图6-28）。

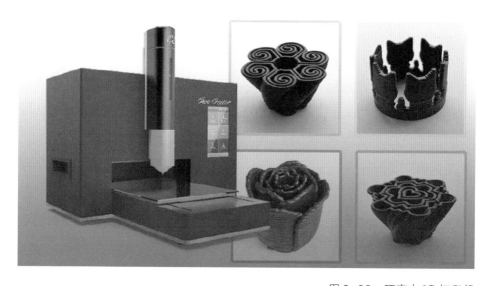

图6-28 巧克力3D打印机

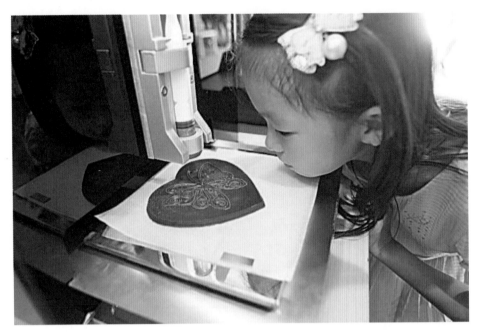

图6-29　3D打印的巧克力食品

Choc Creator打印出来的样品，看把小朋友馋得（图6-29）。

目前已经有一些其他品牌的巧克力3D打印机上市销售了，价格比Choc Creator便宜一些，但打印的质量稍差。等Choc Creator价格降到5000以内，书生准备买一台打印巧克力给女儿吃！

（2）建筑3D打印机

用3D打印技术来造房子，还真是个好点子。理想的是能够整体打印房屋，设计是什么样打印出来就是什么样，想住几室几厅就打几室几厅（当然你首先得有土地），类似图6-30这样的原理。

现阶段整体打印建筑既受场地约束技术也不成熟，所以采用的方式是打印出建筑构件，然后再拼装成建筑。目前在建筑领域已经有一些案例，例如前文提到过的3D打印别墅和办公室的案例，成本低效率高，而且还环保：打印材料可以是水泥、玻璃纤维、建筑垃圾、尾矿等，由于3D打印增材制造的特性，也基本不会产生建筑垃圾。

建筑3D打印机的打印过程如图6-31所示。

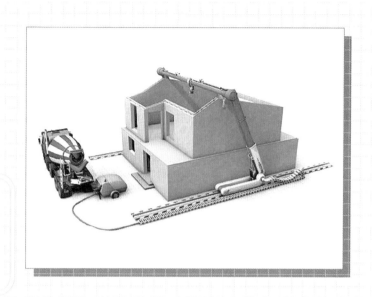

图6-30　建筑3D打印机概念图

图6-31　建筑3D打印过程

　　其实看明白了也就那么回事儿，跟水泥浇筑差不多。一层层地堆积，最后形成一定高度和厚度的墙体。

（3）电路板3D打印机

一般认为3D打印机只能打印单一材料的结构性零件，比如机械零件、汽车配件等。然而总有脑洞大开的人不囿于这些常规思维，不断尝试在新的领域应用3D打印技术，比如打印一块电路板行不行？

还真行。2016年，以色列初创公司 Nano Dimension 就这样脑洞大开地开发出了可以印制专业级多层印刷电路板（PCB）的3D打印机"Dragonfly 2020"，使用喷墨沉积与固化系统和纳米颗粒导电银墨，在数小时内便可完成多层电路板的打印。大大节省了电路板的设计开发周期。

图6-32就是这台神器。

Dragonfly 2020定位在PCB板的试制和小批量生产，可以说开创了3D打印在电子设计领域的全新应用方向。目前这家公司的打印技术可以达到90微米，但这个等级仍达不到工业量产水平。

2017年Nano Dimension公司计划为这台3D打印机添加新的功能："除了可以实现多层PCB板的快速原型制造，还可以实现在电路打印的过程中直接嵌入电子元件，该技术将提升PCB的可靠性，在PCB制造中无需焊接工艺，并为创造更薄的PCB创造了条件，同时为制造更复杂的电子系统奠定了基础（图6-33）。"

这要是真能实现，3D打印将为电子设计带来一场革命。

Nano Dimension公司已使用这一新功能3D打印了曲面的、可弯折的电路板（图6-34），该技术可应用于物联网领域。Nano Dimension已为这项新功能申请了专利，技术投入使用之后将使电信、国防、消费电子等领域的用户受益。

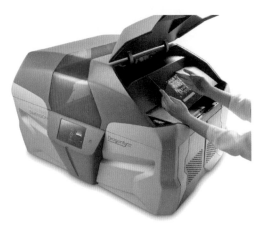

图6-32　电路板3D打印机Dragonfly 2020

图6-33　3D打印的多层电路板

图6-34　3D打印的可折弯电路板

第 **7** 章
有料没料，关键看材料

3D printing: 3D 打印：从技术到商业实现
from technology to business

3D 打印的硬件聊得差不多了，接下来我们看看很多人提到的关键问题：材料。

不可否认材料是制约 3D 打印技术发展的主要瓶颈之一，这跟制造的方式和形态有很大的关系，属于历史遗留问题。现代的材料科学和制造业的发展过程紧密相关，材料除了满足使用性要求，还必须要满足可制造性要求，同时成本还要低，这才符合传统制造业大批量制造的需求。

而 3D 打印是以传统制造业革命者的姿态出现的，目前革命尚未成功，市场份额很小，经济前景不明，几乎是一穷二白。名字和概念看起来高大上，实际上属于典型的屌丝，指望做材料研究的现阶段就专门为 3D 打印做大规模的投入，这不太现实。

3D 打印厂商本身的商业利益保护机制也限制了 3D 打印材料的发展，很多厂商为了保障最大的利益采用封闭策略，自家的打印机只能用自家的打印材料。这为第三方的材料研发设置了障碍，打击了材料研发者的积极性，影响了材料的应用和普及。

说起 3D 打印的材料，大多数人第一反应就是 ABS、PLA 这两种塑料，好一点的可能还知道尼龙、金属之类，知道再多的那就基本是业内人士了。这给人的直观感觉就是 3D 打印可打印的材料品种太少，用途有限。其实这是个误区，ABS、PLA 主要是因为桌面级打印机基本都支持，价钱便宜容易普及，所以知名度比较大。其实现在 3D 打印技术可以使用的材料已经不算少了，只不过由于经济性的原因，很多材料主要应用在特定的领域和机型上，并没有得到普及。

目前，3D 打印使用较为广泛的材料主要包括工程塑料、生物塑料、光敏树脂、橡胶类材料、金属材料和陶瓷材料等，除此之外，彩色石膏材料、人造骨粉、细胞生物原料以及砂糖巧克力粉等食品材料也在 3D 打印领域得到了部分应用（图 7-1）。

3D 打印所用的这些材料都是专门针对 3D 打印设备和工艺而研发的，与普通的塑料、石膏、金属等有所区别，其形态多为粉末状、丝状、层片状、液体状等。

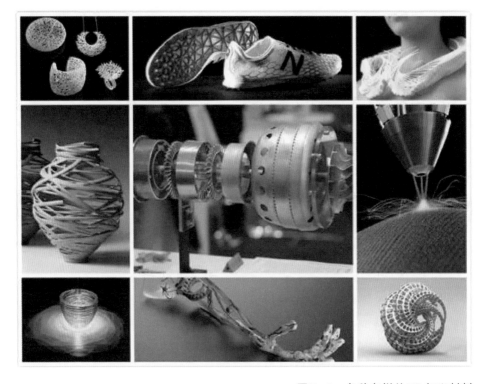

图 7-1 多种多样的 3D 打印材料

7.1 工程塑料

工程塑料是指被用做工业零件或外壳材料的塑料，是强度、耐冲击性、耐热性、硬度及抗老化性均优的塑料。工程塑料是最常见的塑料材料，也是当前 3D 打印使用最多的一类材料，常见的有 ABS 类材料、PC类材料、尼龙类材料等（图 7-2）。

（1）ABS

ABS 材料是 FDM 3D 打印常用的热塑性工程塑料，具有强度高、韧性好、耐冲击、耐化学药品性、电气性能优良等优点，还具有易加工、尺寸稳定、表面光泽度好等特点。容易涂装、着色，可以进行机械加工（钻孔、攻螺纹）、表面喷漆、电镀、焊接、热压等后处理。在汽车、家电、电子消费品领域有广泛的应用。

ABS材料的颜色种类很多，但通常都是单色的，如象牙白、白色、黑色、深灰、红色、绿色、蓝色、玫瑰红色等。桌面级3D打印机使用ABS材料通常加工成线材，常用的直径有1.75毫米和3毫米两种规格（图7-3）。

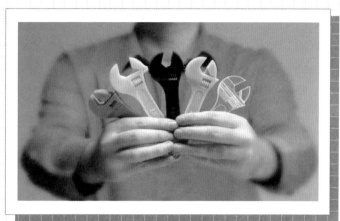

图7-2　工程塑料3D打印材料

图7-3　ABS材料3D打印的样件

（2）PC

PC材料是一种强韧的热塑性树脂，具备工程塑料的所有特性：高强度、耐高温、抗冲击、抗弯曲，可以作为最终零部件使用。使用PC材料制作的样件，可以直接装配使用，应用于交通工具及家电行业。PC材料的强度比ABS材料高出60％左右，具备超强的工程材料属性，广泛应用于电子消费品、家电、汽车制造、航空航天、医疗器械等领域。

PC材料的颜色比较单一，通常只有白色，通常也加工成线材用于3D打印。

（3）尼龙（PA）

尼龙材料具有良好的综合性能，包括力学性能、耐热性、耐磨损性、耐化学药品性和自润滑性，且摩擦系数低，有一定的阻燃性，易于加工。利用3D打印制造的尼龙零件强度和韧性都很高，可以用作代替钢、铁、铜等金属材料（图7-4）。另外，由于尼龙的粘接性和粉末特性，可与陶瓷粉、玻璃粉、金属粉等混合，通过粘接实现陶瓷粉、玻璃粉、金属粉的低温3D打印。

尼龙通常都是白色的，既可以加工成线材用于FDM的3D打印机，也可以加工成粉末用于SLS（选择性激光烧结）的3D打印机。

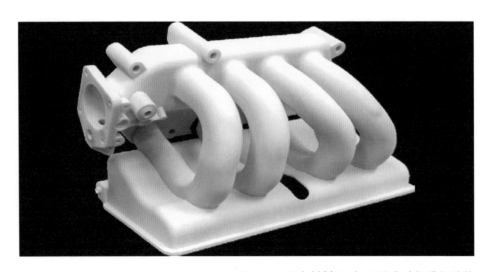

图7-4 尼龙材料3D打印的发动机进气歧管

（4）PC-ABS

PC-ABS材料又被称作塑料合金，是由PC和ABS合金而成的、应用非常广泛的热塑性工程塑料，PC-ABS具备了ABS的韧性和PC材料的高强度及耐热性，大多应用于汽车、家电及通信行业。使用PC-ABS能打印出包括概念模型、功能原型、制造工具及最终零部件等热塑性部件（图7-5）。

图7-5　PC-ABS材料3D打印的齿轮

（5）PC-ISO

PC-ISO材料是一种通过医学卫生认证的白色热塑性材料，具有很高的强度，广泛应用于药品及医疗器械行业，用于手术模拟、颅骨修复、牙科等专业领域。同时，因为具备PC的所有性能，也可以用于食品及药品包装行业，做出的样件可以作为概念模型、功能原型、制造工具及最终零部件使用。

（6）PSF

聚砜是一种琥珀色的热塑性材料，英文名Polysulfone（简称PSF或PSU，也有叫PPSF/PPSU的），PSF材料力学性能优异，刚性大，耐磨、高强度，即使在高温下也保持优良的机械性能是其突出的优点。而且热稳定性高、耐水解、尺寸稳定性好、成型收缩率小、无毒、耐辐射，综合性能在各种快速成型工程塑料之中堪称最佳，可用于3D打印制造承受高负荷的制品，成为替代金属、陶瓷的首选材料。PSF 3D打印的样件可以作为最终零部件使用，广泛用于航空航天、交通工具及医疗行业。聚砜材料3D打印的塑料模具见图7-6。

图7-6　聚砜材料3D打印的塑料模具

（7）PEEK

PEEK（聚醚醚酮）是一种高性能的无色半结晶性热塑性工程塑料，具有耐高温、自润滑、易加工和高机械强度等优异性能。同时 PEEK 材料具有很好的韧性、强度和刚性及超强的抗延展性。PEEK的密度比大多数金属小5倍以上，但它能够承受大多数工程作业中必要的机械载荷，是一种非常好的轻量化材料，可制造加工成各种机械零部件（图7-7）。

同时该材料也被美国FDA批准用于食品相关的应用，也可以作为医疗植入应用中假体的支撑结构，包括牙科修复中的辅助材料等。

（8）EP

EP（Elasto Plastic）即弹性塑料，是Shapeways公司研制的一种3D打印原材料，它能够避免用ABS打印的穿戴物品或可变形类产品存在的脆性问题。顾名思义，Elasto Plastic是一种新型柔软的3D打印材料，在进行塑形时和ABS一样均采用"逐层烧结"原理，但打印的产品却具有相当好的弹性，易于恢复形变（图7-8）。这种材料可用于制作像3D打印鞋、手机壳和3D打印衣物等产品。

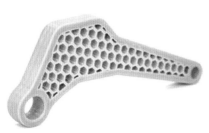

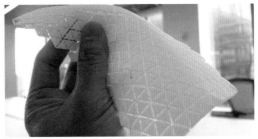

图7-7　PPEK材料3D打印的机械零件　　　图7-8　Shapeways的弹性塑料

7.2　生物塑料

生物塑料包括生物分解塑料和生物基塑料。生物分解塑料是指在一定环境下，这类塑料能够由细菌、藻类、真菌等微生物的作用分解，而不会带来环境污染问题。而生物基塑料指以淀粉、蛋白质、纤维素、生物聚合物等天然物质为基础，在微生物作用下生成的塑料。

3D打印代表的是一种先进制造技术，对材料的环保性要求比较高。同时3D打印机未来可能进入千家万户，跟普通人的关系比较密切，所以对材料的安全性要求也非常高。生物塑料正是同时满足环保性和安全性的理想的3D打印材料。

现阶段在3D打印领域应用比较广泛的生物塑料主要有以下几种。

（1）PLA

PLA（聚乳酸）是一种新型的生物降解材料，使用可再生的植物资源（如玉米、蔗糖）所提出的淀粉原料制成。淀粉原料经由发酵过程制成乳酸，再通过化学合成转换成聚乳酸。PLA具有优异的生物降解性，对环境不产生污染。同时PLA具有良好的机械加工性能，能够胜任大部分合成塑料的用途。

PLA安全无毒而且价格便宜，打印出来的样品成型好，不翘边，外观光滑，是FDM桌面级3D打印机使用最普遍的材料。

PLA材料的颜色种类很多，但通常都是单色的，如白色、黑色、灰色、红色、绿色、蓝色、黄色等。3D打印机使用PLA材料通常加工成线材，常用的直径有1.75毫米和3毫米两种规格。

PLA材料3D打印的样件见图7-9。

（2）PETG

PETG是采用甘蔗乙烯生产的生物基乙二醇为原料合成的生物基塑料，具有出众的热成型性、坚韧性与耐候性，热成型周期短、温度低、成品率高。它既有PLA的光泽度也有ABS的强度，打印产品光泽度好，强度高，表面光滑，具有半透明效果，产品不易破裂。

（3）PCL

PCL（聚己内酯）是一种生物可降解聚酯，熔点较低，只有60℃左右。与大部分生物材料一样，人们常常把它用作特殊用途如药物传输设备、缝合剂等，同时，PCL还具有形状记忆性。在3D打印中，由于它熔点低，所以并不需要很高的打印温度，从而达到节能的目的。在医学领域，可用来打印心脏支架等。

图7-9　PLA材料3D打印的样件

（4）PVA

PVA（聚乙烯醇）是一种可生物降解的合成聚合物，它最大的特点就是水溶性（溶解于水的特性）。作为一种应用于FDM 3D打印中的新型打印材料，PVA 在打印过程中是一种很好的支撑材料（图7-10）。在打印过程结束后，由PVA所组成的支撑结构能在水中完全溶解且无毒无味，因此很容易从模型上清除，这可以大大减少3D打印后处理的时间和工作量。

对于经常使用桌面3D打印机，饱受去除支撑痛苦的人来说，这种材料简直就是一剂灵丹妙药。不过好药通常都是比较贵的，这种材料价格也不便宜。

（5）PHA

PHA（聚羟基脂肪酸酯）是一种以植物为原料的生物基材料，这种生物基材料具有可降解的特性。由于它无毒无害，目前它常常被用来制作医学器具、食品包装袋、儿童玩具、电子产品外壳等。在3D打印应用方面，它的应用类似于PLA。可以将其制成线条应用于3D打印机，与PLA相比价格较高。

图7-10　PVA水溶性支撑材料

7.3　热固性塑料

热固性塑料以热固性树脂为主要成分，配合以各种必要的添加剂，通过交联固化过程形成产品。热固性塑料第一次加热时可以软化流动，加热到一定温度，产生化学反应——交联反应而固化变硬，这种变化是不可逆的，此后，再次加热时，已不能再变软流动了。正是借助这种特性进行成型加工，利用第一次加热时的塑化流动，在压力下充满型腔，进而固化成为确定形状和尺寸的制品（图7-11）。

热固性塑料比如环氧树脂、不饱和聚酯、酚醛树脂、氨基树脂、聚氨酯树脂、有机硅树脂、芳杂环树脂等具有强度高、耐火性特点，非常适合利用3D打印的粉末激光烧结成型工艺。哈佛大学工程与应用科学院的材料科学家与Wyss生物工程研究所联手开发出了一种可3D打印的环氧基热固性树脂材料，这种环氧树脂可3D打印成建筑结构件用在轻质建筑中。

图7-11　热固性塑料

7.4　光敏树脂

　　光敏树脂又叫UV 树脂，由聚合物单体与预聚体组成，其中加有光（紫外光）引发剂（或称为光敏剂）。在一定波长的紫外光（250 ～ 300纳米）照射下立刻引起聚合反应完成固化。光敏树脂一般为液化状态，由于具有良好的液体流动性和瞬间光固化特性，表面性能优异，成型后产品外观平滑，可呈现透明至半透明磨砂状（图7-12）。这种材料特性使得光敏树脂成为高精度制品3D打印的首选材料，一般用于光固化快速成型技术（SLA/DLP）的3D打印机。

图7-12　光敏树脂3D打印的样件

　　使用光敏树脂材料3D打印的制品具备高精度、高强度、防水等特点，部分材料具有弹性和柔韧性（图7-13）。这种材料多用于打印造型复杂且对表面质量要求较高的产品，比方说手办、首饰或者精密装配件等。然而光敏树脂材料具备一定的毒性，不适合长期接触，打印的物品如果长时间曝露在光照条件下，会逐渐变脆。

图7-13　各种光敏树脂3D打印材料

　　由于光固化快速成型技术（SLA）基本被国外厂商垄断，主要的
SLA 3D打印机厂商包括Objet、3D systems、Formlabs等，都采用
光敏树脂材料专机专用的商业模式，因此也基本垄断了光敏树脂的耗材市
场。第三方研发的材料中使用相对比较广泛的是DSM Somos（帝斯曼）
公司的光敏树脂材料，主要型号包括DSM Somos 14120，Somos
GP Plus 14122，Somos WaterShed XC 11122，Somos NEXT，
Somos PerFORM等。尤其Somos 14120在国内的快速成型领域使用
得比较普遍。

　　下面简要介绍几种DSM Somos的产品。

　　DSM Somos 14120光敏树脂　是一种低黏度液态光敏树脂，可以制
作坚固、坚硬、防水的功能零件。用Somos 14120树脂材料制作的零

件呈不透明白色，类似于工程塑料，同时具有接近于传统工程塑料（如ABS）的性能。它能被理想的应用于汽车、医疗器械和消费电子产品的样品制作。

DSM Somos GP Plus 14122　是14120的升级版本，用这种材料制造的部件是白色不透明的，性能类似工程塑料ABS。适用于汽车、航天及消费产品行业，也可用于生物医学、牙科和皮肤接触应用中。

Somos WaterShed XC 11122　无色透明，具有优秀的防水和尺寸稳定性。适用于汽车、医疗以及消费电子市场中包括镜片、包装、水流动分析、RTV图案、耐用的概念模型、风洞实验和熔模铸造图案。

Somos NEXT材料　白色材质，类PC材料，韧性非常好，基本可达到SLS（选择性激光烧结）制作的尼龙材料性能，而精度和表面质量更佳。这种材料制作的部件兼具优良的刚性和韧性，同时保持了做工精致、尺寸精确和外观漂亮的优点，主要应用于汽车、家电、电子消费品等领域。

随着SLA桌面级打印机的生产厂商越来越多，国内也有一些厂商推出了兼容多种打印机的光敏树脂材料，打破了国外的材料垄断，性价比也不错。

7.5　金属材料

近年来，3D打印技术逐渐应用于实际产品的制造，其中金属材料的3D打印技术发展尤其迅速。在国防和军工领域，世界各国都非常重视3D打印技术的发展，不惜投入巨资加以研究，而3D打印金属零部件一直是研究和应用的重点。早在2001年，我国已经开始发展以钛合金结构件激光快速成型技术为主的金属3D打印技术，并用于军用飞机的研制，目前，我国是世界上继美国之后第二个掌握飞机钛合金结构件激光3D打印技术的国家。

3D打印所使用的金属粉末一般要求纯净度高、球形度好、粒径分布窄、氧含量低。目前，应用于3D打印的金属粉末材料主要有钛合金、钴铬合金、不锈钢和铝合金材料等，此外还有用于打印首饰用的金、银等贵金属粉末材料。

图7-14　3D打印的不锈钢用品

（1）不锈钢

不锈钢以其耐空气、蒸汽、水等弱腐蚀介质和酸、碱、盐等化学侵蚀性介质腐蚀而得到广泛应用。由于其粉末成型性好、制备工艺简单且成本低廉，是最早应用于3D打印的金属材料，也是使用最普遍的金属打印材料。3D打印的不锈钢模型具有较高的强度，而且适合打印尺寸较大的物品，常被用作产品样件、功能构件、珠宝和小型雕刻品等的3D打印。

不锈钢包括很多种产品门类，目前应用于金属3D打印的不锈钢主要有奥氏体不锈钢316L、马氏体不锈钢15-5PH、马氏体不锈钢17-4PH三种。随着材料技术的进步，一些传统产业使用非常普遍的不锈钢材料也逐步进入3D打印领域，如304不锈钢等。3D打印的不锈钢用品见图7-14。

（2）马氏体实效钢

马氏体实效钢是超高强度钢中的一种。这种钢突出的优点是热处理工艺简单方便，固溶后先进行机械加工再进行时效，热处理变形小，加工性能及焊接性能都很好。马氏体时效钢主要用于精密锻模及塑料模具。

（3）高温合金

高温合金是指以铁、镍、钴为基，能在600℃以上的高温及一定应力环境下长期工作的一类金属材料。高温合金具有较高的高温强度、良好的抗热腐蚀和抗氧化性能以及良好的塑性和韧性。目前按合金基体种类大致可分为铁基、镍基和钴基合金3类。

高温合金主要用于高性能发动机，在现代先进的航空发动机中，高温合金材料的使用量占发动机总质量的40%～60%。现代高性能航空发动机的发展对高温合金的使用温度和性能的要求越来越高。传统的铸锭冶金工艺冷却速度慢，铸锭中某些元素和第二相偏析严重，热加工性能差，组织不均匀，性能不稳定。而3D打印技术在高温合金成形中成为解决技术瓶颈的新方法，目前已成为航空工业应用的主要3D打印材料之一。

除航空航天外，目前高温合金材料的应用领域已经逐步扩大到军工、汽车、核电等高端制造业（图7-15）。

（4）钛/钛合金

目前应用于市场的纯钛，又称商业纯钛，分为1级和2级粉体，2级强于1级，对于大多数的应用同样具有耐腐蚀性。因为纯钛2级具有良好的生物相容性，因此在医疗行业具有广泛的应用前景。

钛是钛合金产业的关键。目前，应用于金属3D打印的钛合金主要是

图7-15 3D打印的高温合金制品

钛合金5级和钛合金23级。钛合金具有优异的强度和韧性，并且耐腐蚀、重量轻，采用3D打印技术制造的零部件强度非常高，尺寸精确，机械性能接近甚至优于锻造工艺，所以在航空航天和汽车制造中具有非常理想的应用前景。而且，因为具有良好的生物相容性，钛合金可以应用于生物医学领域，如打印制造假肢或人体植入物。钛合金23级纯度更高，是非常理想的牙科和医疗级材料。

尤其在航空航天领域，钛合金因具有强度高、耐蚀性好、耐热性高等特点而被广泛用于制作飞机发动机部件，以及火箭、导弹和飞机的各种结构件（图7-16）。

图7-16　钛合金材料3D打印的
大型飞机结构件

（5）铝合金

铝合金因其质轻、强度高的优越性能，在制造业的轻量化需求中得到了大量应用。目前应用于金属3D打印的铝合金主要有铝硅$AlSi_{12}$和$AlSi_{10}Mg$两种。铝硅12是具有良好热性能的轻质金属粉末，可应用于薄壁零件如换热器或其他汽车零部件（图7-17），还可应用于航空航天及航

图7-17　铝合金材料3D打印的汽车零件

空工业级的原型及生产零部件；铝/硅/镁组合使铝合金更具强度和硬度，其零件组织致密，有铸造或锻造零件的相似性。使其适用于薄壁以及复杂几何形状的零件，尤其是有良好的热性能和低重量使用要求的产品。

（6）镁合金

镁合金作为最轻的结构合金，由于其特殊的高强度和阻尼性能，在诸多应用领域镁合金具有替代钢和铝合金的可能。例如镁合金在汽车以及航空器组件方面的轻量化应用，可降低燃料使用量和废气排放。镁合金具有原位降解性并且其杨氏模量低，强度接近人骨，优异的生物相容性，在外科植入方面比传统合金更有应用前景。

（7）钴铬合金

一种以钴和铬为主要成分的合金。钴铬合金具有高强度、耐腐蚀性强、良好的生物相容性以及无磁性的性能，主要应用于外科植入物包括合金人工关节、膝关节和髋关节（图7-18）。

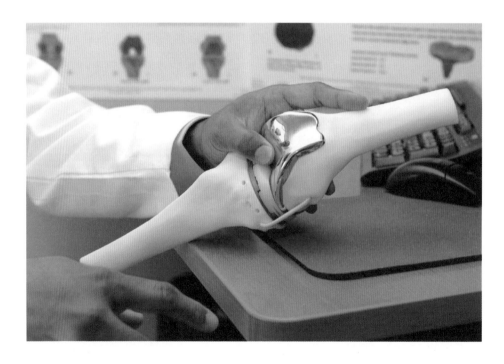

图7-18　3D打印的人工关节

（8）铜合金

包括青铜和黄铜。青铜是铜与锡（或铅）的合金，具有优异的导热性和导电性，可以结合设计自由度，产生复杂的内部结构和冷却通道，适合制作壁薄、形状复杂特征的产品。黄铜是铜与锌的合金，它是在设计和制造珠宝和雕塑时经常会用到的一种非常好的材料，是一种十分经济的贵金属替代品，黄铜能够显示出与金银材料相同水平的设计细节，而且价格低廉。

（9）银

银是一种导热导电性很强的金属，将其打磨后则表明非常明亮，并且极具延伸性。目前银主要用于珠宝首饰的3D打印，用银作为打印材料，打印出来的东西颇具美感而且可观赏性强（图7-19）。

（10）黄金

黄金这种材料就不多说了，打印成黄金饰品广受欢迎。全球第一款可直接3D打印贵金属的设备是EOS公司的Precious M080，可以打印金、银、铜、钯，铂金等贵重金属，主要用于制造珠宝首饰（图7-20）。但现阶段直接3D打印出来的贵金属制品表面光洁度不够，通常都需要进行后期的打磨抛光处理。

图7-19　3D打印的银戒指

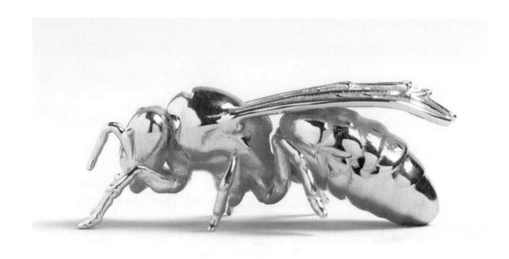

图7-20　3D打印的黄金饰品

7.6　其他材料

除了以上介绍的应用比较广泛的塑料、树脂和金属材料外，再介绍几种有特色的或者代表未来趋势的3D打印材料。

（1）石膏材料

石膏材料是一种全彩色的3D打印材料，是易碎、坚固且色彩清晰的材料。基于在粉末介质上逐层打印的成型原理，3D打印成品在处理完毕后，表面可能出现细微的颗粒效果，外观很像岩石，在曲面表面可能出现细微的年轮状纹理，因此，多应用于动漫玩偶、工艺品、建筑模型等领域（图7-21）。

（2）橡胶类材料

橡胶类材料具备多种级别弹性材料的特征，这些材料所具备的硬度、断裂伸长率、抗撕裂强度和拉伸强度，使其非常适合于要求防滑或柔软表面的应用领域。3D打印的橡胶类产品主要有消费类电子产品、医疗设备以及汽车内饰、轮胎、垫片等（图7-22）。

与橡胶类似的还有硅胶，应用范围包括医学填充物、整形填充物等。

图7-21　石膏粉3D打印的别墅模型

图7-22　弹性打印材料

（3）陶瓷材料

陶瓷材料具有高强度、高硬度、耐高温、低密度、化学稳定性好、耐腐蚀等优异特性，在艺术、航空航天、汽车、生物等行业有着广泛的应用。

目前能直接打印陶瓷的3D打印机还没看到过，一般是使用黏土材料或者陶瓷粉末打印成瓷坯，再放到高温炉里烧制（图7-23）。

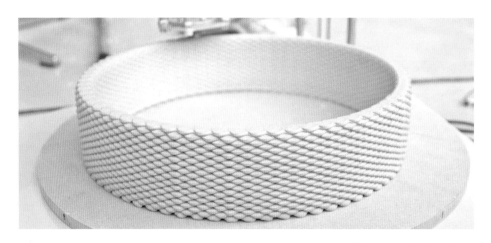

图7-23　陶瓷3D打印

（4）高分子凝胶

高分子凝胶具有良好的智能性，海藻酸钠、纤维素、动植物胶、蛋白胨、聚丙烯酸等高分子凝胶材料用于3D打印，在一定的温度及引发剂、交联剂的作用下进行聚合后，形成特殊的网状高分子凝胶制品。如受离子强度、温度、电场和化学物质变化时，凝胶的体积也会相应地变化，可用于形状记忆材料；凝胶溶胀或收缩发生体积转变，可用于传感材料；凝胶网孔的可控性，可用于智能药物释放材料（图7-24）。

（5）石墨烯

手机充电仅需几秒钟？手机屏幕能折叠弯曲？电动车电池续航800公里，充电几分钟即可完成，由这种物质构成的聚合物电池可为无人机和心脏起搏器提供能量……这些设想或许都将因为有"21世纪神奇材料"之称的石墨烯的面世而成为可能。

石墨烯是一种由碳原子构成的单层片状结构的新材料，只有一个碳原子的厚度，碳原子之间相互连接成六角网格（图7-25），当这些石墨烯层按照一定的规律"堆积"起来时就形成了石墨。石墨烯是迄今为止自然界最薄、强度最高的材料，具有透明、导电性强、可弯折、机械强度好等特征，可以被无限拉伸，弯曲到很大角度不断裂（图7-26），还可以抵抗很高的压力，它可以像钻戒一样坚韧，比钢铁强200倍，又像橡胶一样坚韧。

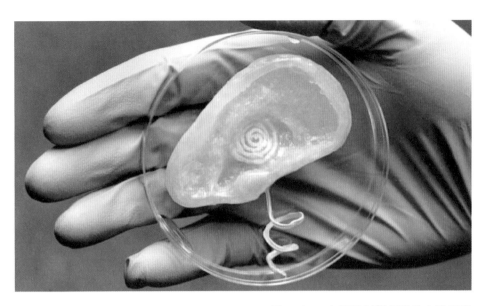

图7-24　水凝胶材料打印的人造耳廓

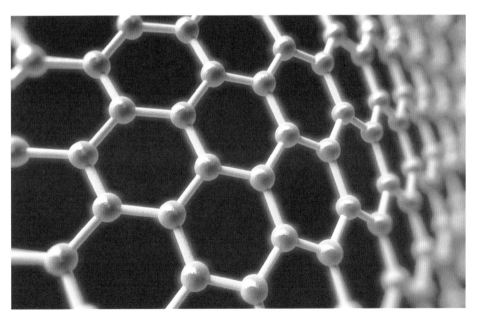

图7-25　石墨烯材料原子结构

图 7-26　石墨烯材料制作的弯曲显示屏

2016 年 2 月，美国 Lawrence Livermore 国家实验室（LLNL）和加州大学 Santa Cruz 分校的科学家们首次使用超轻的石墨烯凝胶 3D 打印出超级电容，从而为产品设计师更加自由、不受设计限制地将高效能源存储系统用于智能手机、可穿戴设备、可植入设备、电动汽车和无线传感器打开了大门。LLNL 的研究团队使用了一种被称为直接油墨书写（direct-ink writing）的 3D 打印工艺和该实验室自己设计的氧化石墨烯复合油墨来打印微结构，制造出可以保留能量的超级电容，比当前使用电极制造的同类电容薄 10 倍到 100 倍。

2016 年 10 月，石墨烯 3D 打印材料开发商 Graphene3DLab 公司宣布，他们通过结合 HIPS 树脂、碳纤维和石墨烯纳米颗粒的基础上开发出一种先进的石墨烯复合材料，该材料具有很好的刚性和对冲击和振动非凡的吸收性，可用于汽车、机器人、无人机航空航天和军事等领域。这种新材料将以两种形式推出：一种是适合 3D 打印的线材的形式；另一种是适合注塑成型或者热成型的颗粒形式。

　　从以上列举的这些材料类别来看，目前3D打印的可用材料虽然已经不能算少了，但是跟传统制造材料相比还是有很大差距。而且现阶段3D打印的几乎都是单一材料，对于复合材料之类的需求，虽然有一些研究进展，但目前为止还没有太好的解决办法。

　　这在很大程度上限制了3D打印的使用范围，也是现在3D打印行业应用拓展显得举步维艰的重要原因。相信通过3D打印技术和材料技术的不断发展，材料的问题会逐步得到改善，应用的领域和范围也会逐步扩大。

　　现阶段也就只能螺蛳壳里做道场，找对的方向，走差异化道路。

第 **8** 章
3D 打印江湖，谁为武林盟主

接下来我们来讲讲3D打印的江湖。

有人曾经说过互联网创业绕不过三件事：生、死和腾讯。作为创业者一定会在某个时候遇见或者撞上巨头，要么打败他，要么被他打败，这是宿命。

互联网如此，3D打印也一样，这个江湖同样有那么几个武功高强实力雄厚的霸主，不同于互联网的是，这些霸主还没形成垄断地位，江湖纷争大局未定，尚无武林盟主。

8.1　3D打印硬件

先来看看硬件领域的各大门派。网上找到两份媒体发布的全球3D打印机厂商排名榜单，一份是2014年的（表8-1），一份是2015年的（表8-2），我们对比着来看：

表8-1　2014年全球3D打印机厂商排行榜

排名	厂商	所属国家
1	Stratasys	美国
2	RepRap	德国
3	Ultimaker	荷兰
4	MakerBot	美国
5	3D Systems	美国
6	Printrbot	美国
7	Organovo	美国
8	solidoodle	美国
9	ExOne	美国
10	太尔时代	中国

表8-2　2015年全球3D打印机厂商排行榜

排名	企业名称
1	美国3D Systems公司
2	美国Stratasys公司
3	美国惠普公司

续表

排名	企业名称
4	德国EOS公司
5	杭州先临三维科技股份有限公司
6	上海联泰三维科技有限公司
7	湖南华曙高科技有限责任公司
8	北京太尔时代科技有限公司
9	四川蓝光英诺生物科技股份有限公司
10	比利时Materialise公司

这两张排行榜的权威性如何？是不是像江湖百晓生排的兵器谱一样靠谱？坦白讲我持保留意见。这份名单里有些企业连我这个业内人士都没怎么听说过，还有些企业上榜更像是凑数，或者傍名牌。

什么叫傍名牌？我举个例子：在朋友圈看到一条消息："下午出去给中石油下了个单，又去中国电信洽谈了合作事宜，随后给中粮集团打了点款"。不就是开车出去加个油、充点话费，顺便买点米吗？有必要说得这么夸张吗！这就是傍名牌……

扯远了，回到正题。这两份榜单虽然准确度值得商榷，但还是客观反映出来了一些趋势：①这个行业变化太快，某些风云榜上的公司第二年就不复存在；②中国企业成长很快，大有后来居上之势。

的确，这个行业正处于群雄争霸时代，用"城头变幻大王旗"来形容是非常合适的。行业内外的收购兼并重组洗牌从来就没有停止过，至今格局未定，然而其中有两家公司却始终屹立不倒，称得上是纷乱江湖中的少林武当，我们来看看是哪两家公司。

8.1.1 美国3D Systems公司

开篇讲3D打印的发展历史，书生就提到过这家公司。3D Systems公司由美国人查尔斯·赫尔（Charles Hull）创办于1986年，是全球第一家3D打印公司。20世纪90年代初期在美国纳斯达克上市。2011年公司转板至纽交所，股票代码为DDD。

通过多年的发展，尤其是上市以后进行了一系列的全球并购，3D Systems已成为全球3D打印业界的龙头企业。准确地说这家公司不仅仅是一家3D打印设备的提供商，它致力于完整的3D打印解决方案，具体包括3D打印机、3D打印耗材、3D打印服务以及3D打印产品定制等。所涉猎的领域几乎无所不包：航空、建筑、艺术、汽车、消费、教育、能源、医疗、珠宝等各行各业。

2016年基于对当前3D打印技术和市场前景的判断，3D Systems宣布退出"消费级"市场，公司重点转向专业级和工业级3D打印市场，并提出了新的战略方针：从原型转向最终制造。3D Systems的转型也意味着一度虚火旺盛的消费级3D打印市场前景渺茫。

在硬件领域，3D Systems公司具有丰富的产品线，旗下的3D打印机涵盖消费级、专业级和工业级，非常全面：

■在消费级，它最知名的3D打印机为基于熔融堆积成型（FDM）技术的Cube系列产品；

■在专业级，它有为不同行业特殊设计的Projet系列（以前叫ZPrinter）3D打印机；

■在工业级，3D Systems的产品线非常丰富：既有基于光固化成型（SLA）的3D打印机iPro系列，也有基于选择性激光烧结（SLS）的sPro系列，还有直接金属打印的ProX系列（图8-1）。

3D Systems是典型的收购狂人，自2012年以来这家公司收购了30多家3D打印初创企业，从硬件到软件到材料到服务，只要是3D Systems看上的，无一不是买买买，有钱就是任性！

在我看来3D Systems最有价值的几次收购如下：

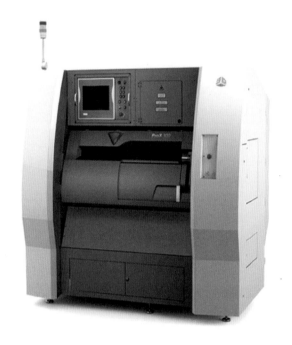
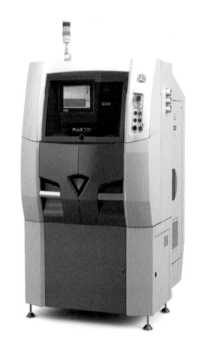

图8-1　3D Systems公司的ProX系列金属打印机

■2011年年底收购了3DP打印技术的最早发明者和最初专利拥有者、全彩3D打印技术鼻祖ZCorporation（ZCorp）公司，一举奠定3D打印硬件的领导地位；

■2012年和2013年分别收购了Rapidform和Geomagic这两家三维扫描和逆向设计软件公司，从而获得3D扫描领域的领先地位（图8-2）；

■2014年收购三维CAD/CAM软件知名厂商Cimatron，补全3D打印软件的短板。

这些收购帮助3D Systems延伸了业务的边界，从单纯的机器硬件扩展到软件、内容、平台以及服务，形成完整的3D打印解决方案，从而更加名副其实。

2015年4月，3D Systems收购了一家国内规模较大的3D打印分销商和服务商并在此基础上成立了3D Systems中国公司，正式进入中国市场。

图8-2　3D Systems 的 3D 扫描硬件和软件

8.1.2　美国 Stratasys 公司

这家名字有些拗口的公司是 3D 打印硬件领域的另一个霸主。同样具有比较悠久的发展历史。

Stratasys 公司的创始人斯科特.克伦普（S. Scott Crump ）是 FDM 3D打印技术的发明者，1989年创立了 Stratasys 这家公司。

关于克伦普先生为何会发明出 FDM 3D 打印技术，还有这么一段江湖传说：

"1988 年的一天，克伦普出于父爱，决定亲手为年幼的女儿制作一只玩具青蛙。这对学过机械工程、做过焊接工作的他来讲并不是什么难事。但这一次他决定放弃传统做法，尝试换一种不同的制作方式。他的想法是把聚乙烯和烛蜡混合物装进喷胶枪，通过一层一层堆叠做出青蛙形状。为此，他花费不菲购入一台数字制图设备，周末都待在工作室里潜心研究，以便实现制造过程的自动化。经过无数次的尝试他终于成功了，1989 年，他申请了 FDM（熔融沉积成型）技术的专利，并于 1992 年正式获得这项专利授权。"

"就这样，克伦普和妻子一同创立了Stratasys公司。1993年Stratasys公司开发出世界上第一台基于FDM技术的3D打印设备。2012年12月公司在美国纳斯达克上市，股票代码SSYS。"

这个故事我喜欢！把对女儿的爱转化为兴趣然后获得商业上的成功，这比那些一开始就想改变世界的创业鸡汤味道更好。同样是工程师出身的我，正在仔细琢磨我女儿还缺个什么玩具……

上市以后Stratasys公司的发展突飞猛进一日千里，很快发展为全球3D打印行业的领军企业。同3D Systems一样，Stratasys也喜欢通过并购来扩充自己的商业版图，但是收购的原则很明确，主要是集中在3D打印设备制造厂商。我们来看看Stratasys这些年都进行了哪些主要的并购：

■ 2011年5月，收购全球珠宝行业3D打印设备专业厂商美国Solidscape公司；

■ 2012年4月，Stratasys和当时全球最大的3D打印厂商——以色列Objet合并，成立新的公司Stratasys LTD，代价是14亿美金；

■ 2013年6月，花费4亿美金收购当时全球消费级3D打印机的领导厂商美国MakerBot公司；

■ 2014年9月，花费1亿美金收购全球最大的CAD设计师社区Grabcad（这个网站我上文提到过，是非常不错的3D内容网站），这是为数不多的非硬件领域的收购。

通过几次关键的并购，Stratasys公司一方面扩展了自己的3D打印机产品线，巩固了自己在3D打印硬件领域的领导地位。同时逐步将业务线向3D打印技术服务和3D内容领域延伸，成为了另一个可能打造3D打印生态系统的公司（图8-3）。

目前Stratasys的3D打印机覆盖桌面级、专业级和工业级，行业涉及航空航天、商业、牙科、建筑、消费、教育、汽车、国防和医疗，同样是"高大全"。

图8-3　Stratasys的全彩3D打印机

在消费级领域，虽然Stratasys有自己的Mojo、uPrint系列打印机，但毫无疑问主要的销量还是来自MakerBot，这些机型都是采用FDM技术。

在专业级和工业级领域，Stratasys主要有Objet系列和Dimension系列打印机，其核心技术是PolyJet聚合物喷射技术，不仅支持多种材料，而且能够实现全彩打印。

从行业布局上看Stratasys比3D Systems要慢一点，目前在三维CAD软件和三维扫描软件领域并没有太大的动作，主营业务的重点还是3D打印机。同时由于缺少金属3D打印机产品，Stratasys的全面性稍显不足。

以上两家称得上是目前3D打印江湖中的泰山北斗，然而实力究竟如何呢？ 我们来看看财务数据：2016年3D Systems全年收入大约6.3亿美元，Stratasys全年收入大约6.7亿美元，均比上一年度有所减少。更不好的消息是，这两家公司2016年都亏损了数千万美元。

看起来虽然名声响亮，但实力也不是太强，偏居一隅可以，称霸江湖无望。一般情况下这样的江湖格局，就会冒出来神秘力量觊觎武林盟主之位，掀起一片腥风血雨。还真是如此，这股力量说来就来了，只是不那么神秘。

8.1.3　美国惠普公司（HP）

惠普这家公司江湖皆知，是全球知名的科技公司，传统业务以打印机、数码影像、软件、计算机与资讯服务为主。2016年世界500强排名第48位，年收入超过1000亿美金，实力相当雄厚。

按理说惠普这样一家年营收过千亿的全球性科技巨头，应该瞧不上3D打印这点小生意，然而世事难料，惠普还真就看上了，放出风声说要在这个领域大干一场，并且搞出不少事情来：

■2014年10月，惠普在一次活动会上首次发布了多射流熔融3D打印技术（MJF，本书第3章有详细介绍）。惠普宣称这将是一项革命性的3D打印新技术，打印速度会比现有技术提高10倍，同时价格也更加便宜。一石激起千层浪，震惊了整个3D打印行业。

■2016年5月，惠普正式发布了两款基于MJF技术的工业级3D打印机：HP Jet Fusion 3D 3200和HP Jet Fusion 3D 4200（图8-4），以打印速度超出同行业产品10倍以上、高达1200dpi的分辨率、节省成本50%的碾压性的优势，成为吸引业界眼球的重磅炸弹。很快西门子、宝马、强生、耐克等国际巨头就宣布与惠普达成合作伙伴关系。

■2017年3月，惠普宣布正式交付首批商用3D打印机，而购买这些机器的很多都是领先的3D打印服务提供企业，如美国的捷普集团、荷兰的Shapeways、比利时的Materialise等。

虽然截至目前惠普发布的3D打印机并不多，然而对这个行业带来的冲击是不言而喻的。惠普的资金实力跟3D Systems、Stratasys完全不是一个量级，进来抢他们的饭碗，成功的机会非常大。而且，惠普还宣称

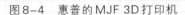

图8-4　惠普的MJF 3D打印机

正在逐步减弱其传统打印业务，把3D打印作为未来业务发展的重点，如果真是这个战略方向，对3D打印行业现有的两家巨头绝对不是好消息。

　　然而，即使有HP看好3D打印的前景冲进来搅局，也掩盖不了这个行业"钱"景堪忧的现状。除3D Systems、Stratasys这两家外，榜单上其他排得上号的公司年产值大多在1亿美金上下。国内的几家龙头企业：先临三维大概3亿人民币，联泰三维1亿人民币左右，其他的也就几千万的样子……

　　出乎意料吧！这样的产值对于做机器设备的公司而言，实在是有点拿不出手，尤其是在铺天盖地的媒体宣传和聚焦下，大半个行业的产值还不如中国的一家酒厂（例如茅台集团2016年的产值接近450亿人民币，约70亿美金），确实寒碜。这也侧面说明了3D打印跟传统制造业相比，只能算个婴儿。

　　虽然只是个婴儿，但不可否认的是，这个婴儿在某些方面已经表现出一些不可小觑的实力。在个别细分领域，3D打印技术的发展的的确确对传统制造业的江湖地位产生了一定的威胁，最为典型的是金属3D打印，通过金属3D打印已经能够直接制造出满足使用功能要求的成品零件，从而成为3D打印从原型制造转向最终制造的突破口。正因为如此，金属3D打印成为近几年研究最深入、投入最大、增长最快、进入厂商最多的细分领域，有必要单独拿出来分析一下。

8.1.4　金属3D打印群雄争霸

我们先通过图8-5来看看全球金属3D打印领域都有哪些公司。

从这张图可以看到，目前在金属3D打印领域已经有大大小小接近50家公司了。在3D打印这个江湖，这50家争夺的不是武林盟主之位，而只是某一门派的掌门，就已经争得头破血流不可开交，真可谓是"江湖路难行，辛酸有谁听"。

书生在此列举几位有望成为掌门的候选人。

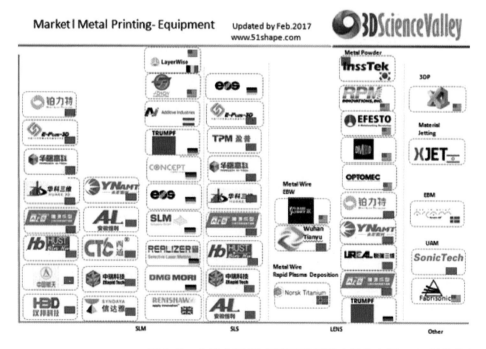

图8-5　全球金属3D打印厂商图谱（图片来源：3D科学谷）

（1）EOS/德国

EOS这家公司前面提到过多次，来自德国，是全球金属3D打印的龙头企业之一，其金属3D打印设备装机量全球领先。EOS提供包括硬件、软件、材料以及材料开发和服务在内的模块化解决方案组合。其金属选择性激光烧结技术（SLS）在市场上处于领先地位，同时拥有被市场熟知的选择性激光熔融技术（SLM）。可使用多种金属打印材料，包括不锈钢、钴铬合金、马氏体钢、钛合金、纯钛、铝合金、贵金属（金、银）等。在航空航天、汽车、机械、医疗、珠宝等行业拥有大量客户。

EOS是专业金属3D打印领域综合实力最强、营业收入最高的公司，2016年的营收超过3亿欧元，是最有希望夺得掌门之位的大师兄。

欣赏一下EOS金属3D打印机打印的零件（图8-6）。

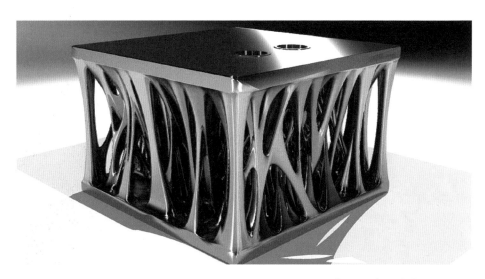

图8-6　EOS金属3D打印机打印的零件

（2）SLM Solutions/德国

　　SLM Solutions是世界知名的金属3D打印机制造商之一，总部位于德国吕贝克，是一家专注于选择性激光熔融技术（SLM）的3D打印公司。SLM Solutions公司2000年推出SLM技术，2006年推出第一台铝、钛金属SLM 3D打印机，2014年公司在德国法兰克福上市。

　　主要产品：SLM 125、SLM 280、SLM 500系列金属3D打印机，可以打印钛、钢、铝、合金在内的多种金属粉末材料，成型尺寸大精度高。客户主要分布在航空航天、能源、医疗和汽车等行业。

　　SLM Solutions 2016年销售了130台机器，总收入约8000万欧元。虽然跟EOS相比有较大差距，但订单金额增长超过30%，发展后劲十足。在掌门争夺战中有望后来居上。

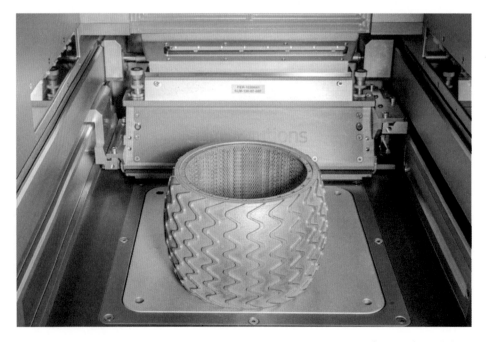

图8-7　SLM金属3D打印的产品

值得一提的是：全球工业巨头通用电气（GE）2016年曾出资7.62亿美元收购SLM Solutions，未遂。

欣赏一下SLM金属3D打印的产品（图8-7）。

（3）Concept Laser/德国

CONCEPTLASER

德国Concept Laser公司成立于2000年，拥有LaserCUSING®技术专利（SLM选择性激光熔融技术的一种）。2011年Concept Laser在法兰克福举行的欧洲模具展会上公开展示了自己的金属3D打印原型机，一年后正式交付了全球第一批设备。

Concept Laser的金属3D打印机以大尺寸打印为特色，主打产品包括X系列1000R和2000R工业级3D打印机。该公司的金属3D打印机可加工不锈钢、热作钢、钴铬合金、镍基合金粉末材料以及像铝合金和钛合金这样的活性金属粉末材料。材料的多样化使得该产品能广泛用于航空航天、汽车、医疗和牙科等行业。

2012 ~ 2015年Concept Laser的营业额在三年内从1.77千万欧元增长至6.73千万欧元，发展速度惊人。2016年10月，在收购SLM Solutions未遂之后，通用电气（GE）斥资6亿美元买下了Concept Laser 75%的股权。

在GE这个外来势力的强力扶持下，Concept Laser一跃成为了掌门争夺战的热门人选。

欣赏一下Concept Laser金属3D打印的零件（图8-8）。

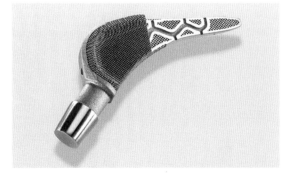

图8-8 Concept Laser 金属3D打印的零件

（4）Arcam/瑞典

Arcam AB公司成立于1997年，总部位于瑞典的MoIndal。该公司提供一系列的3D打印技术和 3D打印解决方案，并拥有专利金属3D打印技术EBM（电子束熔融）。

Arcam首创了利用电子束来熔融金属粉末并经计算机辅助设计的精密铸造成型机新设备，它能用于加工专为病人量身定做的植入手术所需的人工关节或其他精密部件等。该机器利用电子束将钛金属的粉末在真空中加热至熔融，并在计算机辅助设计下精确成型，可避免在空气中熔融所带来的氧化缺陷等质量事故。

Arcam公司的金属3D打印机现已广泛应用于快速原型制作、工装设计制造和生物医学工程等领域。2016年度Arcam公司的总收入约为7300万美元，较上一年度增长了12.5%。

2016年9月，又是通用电气（GE），斥资6.85亿美元收购了Arcam公司。Arcam也因此成为了GE在金属3D打印江湖争霸的重要棋子。

欣赏一下Arcam钛合金材料打印的零件（图8-9）。

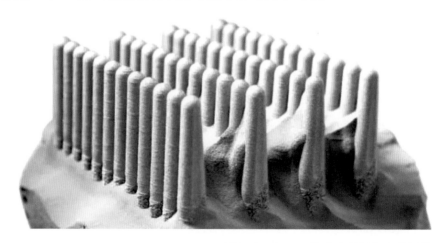

图8-9　Arcam钛合金材料打印的零件

（5）TRUMPF（通快）/德国

德国通快集团创立于1923年，20世纪60年代，通快集团开始涉足激光领域，并于80年代造出了业界领先的激光器，将激光技术集成到通快的产品线中之后，带来了此后30余年的持续发展和增长。目前，通快集团主要生产各类激光器和激光加工机床，以及数控冲裁和折弯机床等，年营业额近30亿欧元，在激光加工领域排名全球第一，它也是全球第三大机床制造企业。

作为激光加工领域的领先企业，早在2000年通快集团就尝试开发过金属3D打印机，但并未发布最终产品。随着金属3D打印的持续升温，通快这两年加快了进军金属3D打印市场的步伐，在2015年11月德国法兰克福举办的formnext展会上，通快集团与意大利SISMA公司合作推出TruPrint系列金属3D打印机，正式宣告回归。

虽然通快为TruPrint采用的技术重新取了两个看起来高大上的名称：LMF（激光金属熔融）和LMD（激光金属沉积），宣称这两种技术可以满足客户各种金属3D打印的需要。但实质上这两种技术无非是SLM（选择性激光融熔）与LENS（激光近净成形）的另一种叫法。

然而不管怎么说，通快是这个领域不可忽视的一股力量，他的杀入，会让这个混乱的江湖更加混乱。

欣赏一下通快的金属3D打印产品（图8-10）。

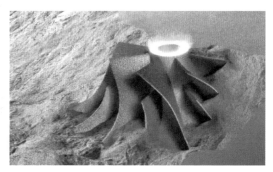

图8-10 德国通快的金属3D打印产品

（6）Renishaw（雷尼绍）/英国

RENISHAW.⊕
apply innovation™

跟通快集团一样，Renishaw（雷尼绍）也是传统制造业细分领域的领导厂商。雷尼绍公司创立于1973年，总部位于英国，是世界测量和光谱分析仪器领域的领导者，也是一家全球性的跨国企业。

雷尼绍在2015年推出了其增材制造完整工艺链的概念，从其打印准备软件包QuantAM开始，数据到达增材制造设备，再经历后续加工工序，最后得到最终的成品零件。雷尼绍的金属3D打印机属于选择性激光熔融技术（SLM），目前包括RenAM 500M、AM400、AM250三款机型，主要面向工业企业用户。

虽然现阶段雷尼绍在金属3D打印领域的动静并不大，但由于主业的雄厚实力和大量客户资源，雷尼绍也是江湖中一股不可忽视的力量，未来的动向值得关注。

欣赏一下雷尼绍的金属3D打印产品（图8-11）。

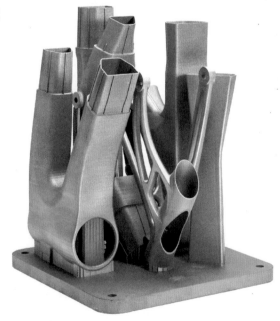

图8-11　雷尼绍的金属3D打印

（7）Xjet/以色列

XJET

Xjet是以色列的一家初创科技企业，这家公司的管理团队大多是Objet公司（2012年被Stratasys花费14亿美金收购）的离职员工，他们在Objet被收购时离开了公司，后来加入了Xjet。

Xjet发明了一种新型的金属打印技术——直接金属喷墨3D打印。该技术不直接使用金属粉末做打印材料，使用的却是一种特殊的"墨盒"，"墨盒"里装着由液体包围着的金属颗粒（图8-12）。这种方式使得材料可以通过传统的喷墨打印头来喷出成型，成型腔里的热量会使液体蒸发，只留下金属部分。由于金属颗粒非常细，在高温下互相"黏结"，打印出来的产品具有非常光滑的表面，基本无需打磨就可以直接使用。

该技术有望将金属3D打印的打印速度和打印精度都提升到一个新的水平，所以一推出就得到了业界的普遍关注，截至目前，Xjet已获得多轮融资，总融资额达到9500万美元。

虽然只是小师弟，但Xjet可谓天资聪颖又屡得奇遇，假以时日有望挑战掌门之位。

图8-12　Xjet的直接金属喷墨3D打印技术

（8）Realizer/德国

REALIZER **SLM**
The Pioneer of 3-D Printers

Realizer来自德国，是2004年成立的一家金属3D打印企业。公司主要产品包括SLM 50桌面型金属3D打印机以及SLM 100，SLM 125，SLM 250和SLM 300 i工业级3D金属打印机，可使用材料包括铁粉、钛、铝合金、钴铬合金、不锈钢以及其他定制材料。Realizer公司的金属3D打印设备都采用选择性激光熔融技术（SLM），可生产成型致密度接近100%的零件，尺寸精度、表面粗糙度具有很高水平（图8-13）。

图8-13　Realizer公司的金属3D打印设备

Realizer的SLM设备目前在金属模具制造、轻量化金属零件制造、多孔结构制造和医学植入体领域有较为成熟的应用。

2016年，世界最大的机床制造商德马吉森精机（DMG）宣布收购Realizer 50.1%的股份。Realizer也成为DMG争霸金属3D打印江湖的马前卒。

以上八位掌门候选人个个实力强劲：要么武功高强身怀绝技（如EOS、SLM Solutions、Xjet都是技术领先具有核心竞争力），要么背靠大树有人撑腰（如Concept Laser和Arcam背后是通用电气、Realizer背后是德马吉森精机），要么本身就是一方豪强（如通快集团、雷尼绍），那么谁更有希望脱颖而出呢？

如果押注，书生愿意把赌注押给"武功高强身怀绝技"这一组，不是因为书生的技术情节，而是这个时代资本易得技术难求，拥有核心技术才是最终取胜之道。

就像HP为什么被看好能改变3D打印行业？不是因为它钱多，而是因为它的MJF 3D打印技术。

以上列举的候选人都是国外的，是不是就没中国企业什么事了呢？并非如此。中国的金属3D打印起步并不晚，部分企业已经具备核心技术和一定的国际竞争力，何况我们还有国家产业政策扶持和庞大的中国制造业市场，机会还是不错的。

8.1.5 国内金属3D打印领军企业

国内排得上号的几位种子选手如下（排名不分先后）。

（1）BrightLaser 铂力特

西安铂力特激光成形技术有限公司是中国领先的金属增材制造技术全套解决方案提供商。公司创始人黄卫东教授从1995年开始进行金属增材制造技术研究，是国内最早开展相关研究的著名学者。公司成立于2011年7月，是目前国内规模最大、技术实力最强的金属增材制造技术提供商。

铂力特拥有多款自主研发的金属3D打印设备，可用于金属产品成型和产品修复领域，包括BLT-S300、BLT-S200、BLT-C600 BLT-C1000等多种型号，主要采用激光近净成形技术（LENS），也有SLM技术的机型，目前应用在航空航天、医疗、制造、汽车等领域。

欣赏一下铂力特金属3D打印的模具（图8-14）。

图8-14　铂力特金属3D打印的模具

（2）Farsoon 华曙高科

湖南华曙高科技有限责任公司是国内工业级3D打印领航企业、全国唯一的3D打印智能制造示范项目企业，拥有高分子复杂结构增材制造国家工程实验室。专业从事选择性激光烧结（SLS）3D打印设备和选择性激光熔融（SLM）金属3D打印设备的制造、尼龙和金属材料的研发生产和3D打印的加工服务。

创始人许小曙博士先后在美国焊接研究所、3D Systems 以及 Solid Concepts 等公司工作，领衔研发了对制造业有革命性影响的"SLS技术"。2009年，许博士回国创办华曙高科。

目前华曙高科自主研发的金属3D打印机有FS271M和FS121M两款，采用选择性激光烧结技术（SLS），主要应用于汽车、航空航天、医疗、工业设计等领域。

图8-15是华曙高科金属3D打印在牙科的应用。

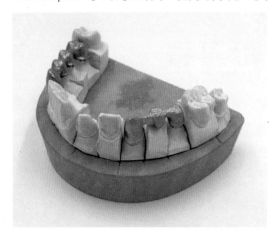

图8-15　华曙高科金属3D打印在牙科的应用

（3）江苏永年激光

江苏永年激光成形技术有限公司成立于2012年，坐落于江苏省昆山市，由清华大学颜永年教授团队发起成立，主要从事3D打印技术、激光成形技术、工业机器人技术及设备的研发、设计、制造、销售和技术服务，是一家集金属3D打印设备与工艺研发、制造及应用的高新技术企业。

江苏永年激光的金属3D设备主要采用SLM技术，适用于不同金属材质及成形要求，能够满足工业生产、医疗应用、科研培训等需求，应用于

航空航天、汽车、模具、医疗
等领域。

图8-16是江苏永年激光的
金属3D打印机。

以上三家是国内金属3D打
印行业的领军企业，这几年的
发展速度也非常快，希望这几
家企业能把握金属3D打印的发
展机遇，在全球3D打印领域占
据一席之地，发出中国制造的
最强音。

图8-16　江苏永年激光的金属3D打印机

从整个3D打印硬件行业的情况来看，这个领域投入大、周期长、回
报低，高端的机器技术门槛很高，低端的机器竞争又太激烈，其实不是一
门太好的生意。

全球范围而言，惠普、GE、德马吉森精机等传统制造业的巨头正在
进入这一领域，相信未来几年这个行业的大规模洗牌和并购会层出不穷，
3D Systems和Stratasys这些现在的行业巨头也可能会成为别人的盘
中餐。赢者通吃的时代即将来临，这是硬件行业发展的必然。

而对普通创业者而言，硬件这种太烧钱的事暂时别考虑，还是等大鳄
们洗完牌再说，现阶段咱们先围观……

8.2　3D打印技术服务

硬件说完，我们来看看3D打印技术服务的领域。

3D打印技术服务的需求其实比买机器的需求更加旺盛：大量的中小
企业没有资金购买3D打印机，但是普遍需要制作产品快速样件；普通人
不了解3D打印，但也希望得到一件个性化的商品，这就产生了商机。一
些企业通过提供专业的3D打印技术服务，长期坚持专心致志心无旁骛，
也做成了大生意，例如下面这几家。

8.2.1 Materialise/比利时

Materialise是一家位于比利时的公司，自1990年起就一直致力于快速成型领域的开发与研究。现在Materialise已发展成为全球RP快速成型/RT快速模具/RM快速制造解决方案的最大供应商，成为3D打印技术服务领域的领导者。

Materialise主要提供面向企业级用户的3D打印技术服务。如今该公司已经与全球众多知名汽车公司、航空制造公司、电子消费品公司以及医疗机构展开了合作，致力于为各行各业提供优质的3D打印解决方案。通过多年的耕耘和发展，Materialise公司的产品和服务已涉及工业制造、航空航天、医疗和设计、教育与产品等领域。

2016年Materialise公司总收入1.14亿欧元（约合8.26亿人民币），较2015年增长12.2%，年利润950万欧元（约合6885万人民币），增长156.5%。发展势头非常不错。

这两年Materialise与工业巨头德国西门子合作非常紧密（图8-17），西门子会不会通过并购Materialise的方式进入企业级3D打印领域呢？让我们拭目以待。

图8-17　Materialise为西门子3D打印的金属叶片

8.2.2 Shapeways/荷兰

Shapeways这家公司前面提到过多次。2007年创办于荷兰，是全球最大的在线3D打印服务平台，早在2014年其月均订单已超过18万件。与Materialise不同，Shapeways主要提供面向个人用户的3D打印技术服务。

Shapeways是一个通过3D打印技术服务来进行定制化商品销售的电子商务平台，被人戏称为3D打印界的"淘宝"（图8-18）。网站聚合了设计师、设计公司和个人消费者，提供各式各样具有独特创意的、适合3D打印制造的商品，只要在网站上付款购买，这些独特的商品就会很快邮寄到你手里。Shapeways打通了从定制到销售的全流程，开创了新型的电商模式。

图8-18 Shapeways平台上的三叶虫首饰

8.2.3 3DHubs/荷兰

如果说Shapeways是3D打印界的"淘宝"，那么3DHubs要做的就是3D打印界的"Uber"。3DHubs以互联网为基础打造了一个设备共享平台，将有3D打印机的人与希望使用3D打印机的人相匹配（图8-19）。

设计师可以通过3DHubs上传他们的图纸并从可用的本地设备里按需选择合适的设备进行打印，作为出租者的3D打印机机主们则可以通过出借3D打印机获得收益。这种共享经济的模式，现在非常流行，也代表着未来的方向。

目前，3DHubs平台拥有数万台不同类别的3D打印设备，能够提供不同种类及不同材质的 3D 产品打印服务。3DHubs 现在的主要用户包括3D打印爱好者、产品设计师和制造商，能够同时满足个人用户和企业用户的3D打印需求。

除上述三家外，国内也有一些类似的3D打印技术服务企业，规模比较大的主要有两家：①先临三维。这个前面介绍过，已经在新三板上市，年营收3亿人民币左右，其中3D技术服务占大头。② 魔猴网。主要提供

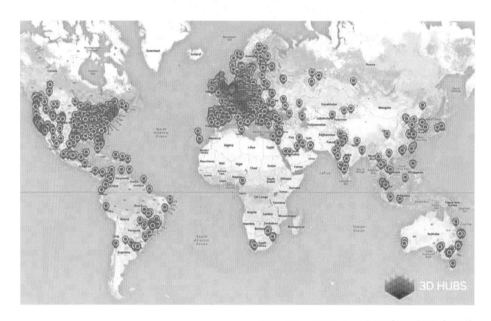

图8-19　3DHubs的3D打印机共享网络

在线3D打印服务，2015年获得千万级别A轮融资。

3D打印技术服务领域相对门槛低一些，基于互联网的资源共享模式，可以整合消费者和服务者进行需求对接，或直接进行交易。既有现成的盈利模式，未来还可以进一步发展为新型的电商平台或者制造平台，是值得关注、如果有条件可以尝试进入的领域。

8.3　3D打印软件

3D打印的软件虽然看起来多种多样，其实可以归纳为两个大类。

① 打印准备软件。主要是做打印数据的准备、加支撑、切片、指挥3D打印机进行打印。

② 3D建模软件。主要是进行3D建模，创建产品数据。这个在本书第5章有详细介绍。

打印准备软件每台3D打印机都会自带，也有免费或开源的软件可供使用（例如Cura），所以并没有单独的商业模式。

而3D建模软件则是竞争非常激烈，这个领域巨头林立，传统的四大家族为Autodesk（欧特克）、Dassault（达索系统）、Siemens PLM（原UGS）、PTC。这四家公司既是三维CAD软件的主要厂商，同时也是全球工业4.0的倡导者和领导者。

这四家公司都深知3D打印这场盛宴不能缺席，但对于开席时间大家的意见不一，因此虽然都在3D打印领域有所动作，但力度各不相同。其中投入最大、转型最快、布局最广的非Autodesk莫属，在这里重点介绍一下。

8.3.1　Autodesk（欧特克）

欧特克旗下有众多知名的、应用于不同专业领域的三维CAD软件，例如AutoCAD、3DMax、Maya、Revit、Alias、Inventor等。这些软件虽然不是专门服务于3D打印，但创建的数据都可以用于3D打印。

然而欧特克并不满足于只是做内容创建工具的提供者，而是把3D打印作为公司最重要的战略方向之一，从软件、硬件、平台、服务进行全方位布局。

■ 2012 年，Autodesk 发布了免费的建模工具 123D 系列软件，目的是让那些不具备 CAD 基础的人也能够设计出 3D 模型。这是一套免费的、可在网页、Mac、PC、iPad 上使用的建模软件，能够让玩家简单快速地创建可用 3D 打印的 3D 模型。其中就包括著名的照片建模软件 123D Catch。2016 年，123D 系列更名为 ReMake。

■ 2013 年 5 月，Autodesk 宣布收购网页 3D 建模工具提供商 Tinkercad，这个在前面也介绍过，是一个非常易用的在线三维设计软件，当时这家公司支撑不下去了正准备关门，Autodesk 的及时出现让 Tinkercad 起死回生获得长期发展。

■ 2013 年 5 月，Autodesk 推出开放式的 3D 打印平台 Spark，可实现硬件、软件和材料的紧密衔接。该平台免费提供给 3D 打印硬件、软件和材料提供商。同时 Autodesk 也推出了自己的桌面级 3D 打印机。

■ 2014 年 11 月 Autodesk 投资 1 亿美元创办了名为"星火投资基金"（Spark Investment Fund）的 3D 打印基金，资助 3D 打印领域的创新企业和设计人员。目前为止得到该基金投资的明星公司有哪些呢？革命性 3D 打印技术 CLIP（连续液体界面生产）的发明者 Carbon3D 是其中之一；3D 打印界的"Uber"——3DHubs 是其中之二，其他的就不用多说了吧。

■ 2015 年 4 月，Autodesk 作为创始会员加入了由微软主导创立的 3MF 联盟，参与制定了新的 3D 打印文件格式 3MF；5 月，Autodesk 宣布与微软合作，将其 3D 打印平台 Spark 嵌入 Windows 10 操作系统，从而使其 3D 建模软件与微软 HoloLens 全息眼镜实现协同操作。

看这趋势 Autodesk 是要打造 3D 打印的完整生态系统，顺便把 Spark 做成 3D 打印机的操作系统，这个思路不错，是巨头该有的思路。

8.3.2　Microsoft（微软）

然而说到做操作系统，最专业的非微软莫属，而微软也的确在 3D 打印软件领域有不少动作。2013 年微软就在 Windows 8.1 上推出了一款 3D 打印应用"3D Builder"，类似于向传统打印机传送文件的机理，用户只要安装了3D打印机，就可以直接进行打印。

2014年微软将Kinect整合进了3D Builder中去，使其能够更为方便地进行3D扫描和渲染模型（Kinect是微软开发的著名3D体感设备，它能够感知并捕捉使用者在三维空间的运动，一开始主要用于体感运动游戏中）。微软公司声称"任何人都可以扫描人或物体，把它变成一个三维模型，并3D打印出来。"

2016年10月，微软发布了面向个人用户的3D创作工具——Paint 3D。Paint是Windows系统自带的绘图小程序，中文名叫"画图"。Paint 3D在其经典的绘图功能之上增加了令人兴奋的新功能，比如3D绘图和建模功能。只需简单点击一下按钮，用户就能够把他们的2D绘图转化成3D的，然后再用一个简单的工具栏来调整对象的属性。用户甚至能够用Paint 3D将对象从照片变成3D图纸，还可以用它来导入3D扫描数据。

微软的思路有点意思，完全就是奔着人人都能创建3D内容的目标而去，这个目标如能实现，会大大推进3D的普及（图8-20）。

图8-20　3D无处不在

　　软件领域虽然已经有不少巨头，但其实还有机会，不管是3D建模软件、数据转换软件还是打印准备软件，现在的其实都不太好用，如果能做出提升和改进，相信会有广阔的市场。而且软件领域的盲点和空白还比较多，举个例子，随着3D打印在医疗领域的应用，很多医院CT扫描的数据需要软件帮助转换成可3D打印的格式，但这种软件全世界只有比利时一家公司在做，打破这种垄断我相信不会太难。

　　同时可以关注软件培训的机会，尤其是面向企业和学校的3D打印软件培训。单项的培训如3Dmax建模课程之类的竞争激烈，要全流程培训：从建模到数据转换到3D打印分层加支撑到打印，这就有价值了。

　　这个江湖，不只是巨头的江湖，也是菜鸟的江湖。王侯将相宁有种乎？

第**9**章
3D 打印与工业 4.0

3D printing: 3D 打印：从技术到商业实现
from technology to business

书生认为，3D打印源于制造业，也必将回归制造业。接下来我们谈谈3D打印与工业4.0的关系。

谈之前有必要先扫盲一下工业4.0，这个词出现的频率一点都不比3D打印少，甚至可以说已经完全盖过了3D打印的风头。

什么叫工业4.0呢？先看图9-1。

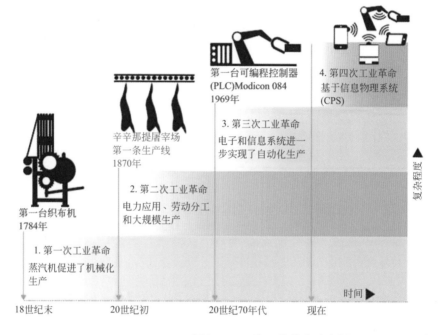

图9-1　四次工业革命（来源：DFKI 2011）

这张图是乌尔里希·森德勒在《工业4.0》一书中的原图，各路专家对工业4.0有不同的解读，看起来高深莫测，按我的理解说明一下：

工业1.0：大家历史课都学过工业革命，以蒸汽机的出现为代表，用机器代替手工，进入机械制造时代。

工业2.0：以流水线的出现为代表，从单件制造进入批量制造阶段，典型事件是辛辛那提屠宰场的流水线，还有福特的汽车生产线。

工业3.0：电子信息技术与制造技术相结合，实现了自动化生产。典型的应用是数控机床和机器人。

工业4.0：互联网和制造技术深度融合，实现智能化的生产。在工业4.0阶段，制造资源将从现有的信息孤岛变成可以通信，可以联网，可以调配的资源，满足差异化的制造需求，实现个性化定制（图9-2）。

图9-2　工业4.0

显而易见工业4.0是比3D打印宏大得多的概念，3D打印机只是工业4.0中制造资源的其中一种，与其他制造资源如机床、机器人并无本质区别。

3D打印的领先之处在于：它也许是最容易实现互联网化和智能化的制造资源，这就是先天优势。

制造资源的互联网化为什么这么重要，我举个亲身经历的例子：

我刚工作时在一家汽车厂做工程师，当时厂里有一台德国进口的拉齿机，可以一次加工成型精度非常高的内花键。我们有一家合作客户是国内领先的工程机械厂（行业地位类似于现在的三一重工），他们也需要加工这类零件，但苦于没有设备，怎么办呢？他们生产部的人每隔一段时间就会扛着几十斤重的零件毛坯坐几千公里的火车从北京带到我们厂，然后等我们设备有空时进行加工。

现在想来不可思议，但那时候物流不发达，这也是没有办法的办法。

在我看来，现在的互联网时代只实现了销售的互联网化（电子商务）、服务的互联网化（O2O），而下一个时代将迎来制造的互联网化。

互联网＋制造，这才是工业4.0的核心（图9-3）。

图9-3　互联网＋

　　想象一下：打算制造一款产品，将产品的三维模型传到网上，网络帮你智能匹配最合适的制造资源，付款之后，过几天你就会收到快递过来的成品。谁说做产品就一定要搭厂房建流水线才行？

　　是不是很让人激动呢？搭建一个这样的服务平台，一头连接全世界的制造需求，一头连接全世界的制造资源，这个前途简直不可限量！这样的平台在3D打印领域虽然有Shapeways和3DHubs，但在广义制造业领域迄今还没有看到过类似的平台。

　　这个平台听起来像制造业的淘宝？可以这么认为。2016年淘宝网创始人马云在杭州云栖大会上提出"新制造"的概念："未来的制造业用的不是电，而是数据。个性化、定制化将成为主流，IOT（物联网）的变革将变为按需定制，人工智能是大趋势。"看吧，连马云都这么认为。

　　这样的平台迟早会出现，工业4.0时代不冒出来，5.0时代也会冒出来。

　　权威专家说了，工业4.0的关键在于"信息物理融合系统"，很专业的名词，坦白讲我也似懂非懂。

　　但这样的系统其实我们每个人手边都有一个，既影响你的工作，也伤害你的眼睛，把你变成了低头族，还刷爆你的信用卡，这个东西就叫做

图9-4　信息物理融合系统

"智能手机"。

　　智能手机就是典型的"信息物理融合系统"，它有物理功能——打电话，也是信息系统——连接互联网（图9-4）。

　　工业4.0要做的事情就是：创造各种类别的"智能机器"，并通过互联网把它们连接起来。

　　既然谈到了智能手机，我们不妨对照来看看"智能机器"进化到哪一阶段了：

　　第一阶段：车床、铣床等老式机床，相当于大哥大，只有功能没有智能；

　　第二阶段：数控机床，相当于诺基亚手机，除了功能外有了启蒙的智能，能够实现系统内的信息处理；

　　第三阶段：？？？，相当于苹果三星等智能手机。这个问号应该填的是智能机器，不过现在这样的设备太少了，比较接近的一类，正是3D打印机。

　　前面讲过，做3D打印如果不结合互联网来做，基本是死路一条，分析3D打印所有的成功案例，其商业模式无一不是由互联网来决定成败的。这个年代你制造一个只能做打印的机器，就像生产一个只能打电话的手机一样，哪里还有机会？可惜还是有大把的公司，依然在慷慨赴死的路上……

之所以说3D打印机具有成为"智能机器"的先发优势，是因为它具有以下特性：

① 起点高，一出身就跟软件相结合，天生就是数控设备。

几乎所有的制造设备开始都是纯机械的，老式的车床现在很多制造企业都还在用。而3D打印机由于其工作原理必须先有3D模型，而且必须通过软件控制，这一点很有优势。

② 快速发展阶段赶上了互联网浪潮，跟互联网结合比较紧密。

由于竞争不过传统的制造方式，3D打印在商业模式的探索上，不得不往互联网方向发展，这也为未来发展奠定了基础。

③ 对个性化需求的快速响应能力。

智能机器贵在"智能"。必须能够快速响应并实现个性化的制造需求，传统机器制造工艺太复杂，制造周期太长，需人工介入的环节太多，很难实现智能化。而3D打印机通过3D数据直接驱动制造，制造工艺非常简单，一旦跟互联网相结合，就很容易实现智能化和自动化。

就现状而言，不少3D打印机已经互联网化或者在互联网化的路上，而其他的制造设备大多还待在隔离的工厂车间里，别说互联网化，设备之间的通信都还没有做到。

工业4.0里另一个重要的议题是要实现产品的数字化，有一句很精辟的话"用比特的流动代替原子的流动"。"比特的流动"就是数字化，是计算机和互联网上的虚拟产品；"原子的流动"就是实物，是工厂车间制造和高速公路上运输的物料。

制造业信息化系统里有一个非常重要的系统PLM（产品生命周期管理系统）其核心就是实现产品的数字化并对产品的信息进行管理，这个系统主要包括CAD、CAE、CAM和PDM，简单扫个盲：

CAD——计算机辅助设计。这在前面提到过，创建产品的三维数字化模型。

CAE——计算机辅助仿真。简单讲就是用计算机来模拟试验，以发现产品设计有没有缺陷。大家知道做手机都会做跌落试验，把手机从一定高度摔下去看屏幕会不会碎；汽车会做碰撞试验，通过正碰侧碰来检验汽车的安全性。这些试验在产品开发阶段都会在计算机里通过CAE进行模拟，并进行设计改进，以确保产品制造出来之后的性能能符合法规和标准。

CAM——计算机辅助制造。这就是在计算机里模拟加工制造过程，以验证产品的可制造性。CAM可以直接跟数控机床（或3D打印机）进行连接，驱动设备进行实际的加工制造。

PDM——产品数据管理系统。可以简单理解为电子仓库，数字化的产品信息进行管理，当然这个系统也管理产品开发的过程。

现在PLM系统也包括MES——制造执行系统。这个系统用数字化来驱动工厂车间的生产制造。这听起来有点像在抢ERP系统的饭碗。

实际上正是如此，如果说工业3.0时代制造业信息化的核心是ERP系统，那么工业4.0时代制造业信息化的核心正是PLM。

德国西门子公司是工业4.0的发起者和倡导者，同时西门子也是全球最大的PLM系统厂商之一（图9-5），《工业4.0》作者之一的鲁思沃（Siegfried Russwurm）正是来自西门子公司，同时其他几位作者也都有PLM行业的工作经历。

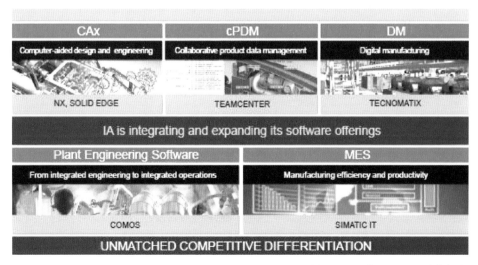

图9-5　西门子PLM系统框架

以至于我在拿到《工业4.0》这本书的时候，第一个念头是"这不会是西门子公司赞助的软文吧？"

PLM系统实际上只在做一件事情：实现产品的数字化。有了数字化的产品，所有的设计制造维修维护都可以在计算机里进行，只有需要实物的时候才制造并交付实物。

这太重要了。传统的产品开发过程实际上是一个反复试错的过程。这个过程都是以消耗实物为代价的。设计一款汽车，先造出来一辆做碰撞试验，没通过的话改进设计，再造一辆出来继续撞，直至通过为止。

这个过程中的物料成本和生产制造成本是很大一笔开销，如果说汽车还能消耗得起的话，那么飞机呢？导弹呢？

所以航空航天领域是产品数字化做得最早最好的领域，没其他原因，省成本的需要。

省成本在制造业的所有行业都是刚需，尤其是制造业越来越不景气的当下。推而广之所有的行业都需要把产品变成数字化的，这不只是今天的需求，也是未来的需求（图9-6）。

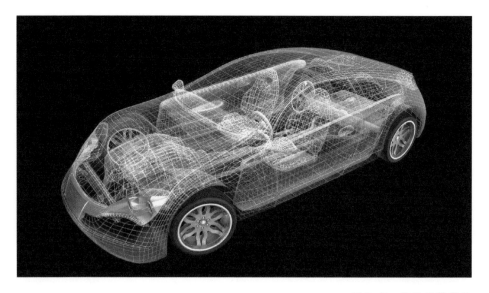

图9-6 产品的数字化

所以产品的数字化是必然的趋势，也就是说以后所有的产品都会有三维数字化模型和相关的信息存在于电脑和互联网上，成为支持工业4.0和3D打印的基础数据。

因此可以预见的是3D建模相关的产业会快速发展：这包括CAD软件、3D扫描仪、照片建模工具以及相关的各种软硬件，其核心就是创建产品的3D模型。

正如打印机的普及靠的是文档的电子化，网购的普及靠的是商品信息的电子化，3D打印的普及也必须内容先行，不只3D打印，工业4.0也是如此。没有砖瓦怎么建设高楼大厦？

因此投身于3D内容的建设行业，应该会有不错的机会，需求已经普遍存在，未来更加值得期待。

至于普通人，有事没事学点3D建模，就像以前学点打字的输入法，以后总归用得上。

未来是工业4.0时代。如果把工业4.0时代的制造业比作一位巨人的话，智能设备（如3D打印机）是巨人的手和脚，互联网是巨人的血管，而血管内流动的血液，正是数字化的产品。

光有手和脚，巨人是活不下来的。但现在我们的工业4.0，更多关注到的只是手脚的问题。

我的观点：我们的制造能力已经领先了，所以我们应该旗帜鲜明地以信息化改造为主，主要扶持软件、互联网和应用创新。必须先把我们缺的课补上才行。

在《中国制造2025》规划中，共有五个地方出现了3D打印，并且列为制造业创新中心建设工程，可见对3D打印的重视程度。希望国家层面对3D打印的重视能真正推动这项技术和应用的发展，实现制造业的升级转型。

制造业是国民经济的主体，是科技创新的主战场，是立国之本、兴国之器、强国之基。

后记：
小明同学在2045年的一天

3D printing:
3D 打印：从技术到商业实现
from technology to business

那么多层出不穷的高科技：3D打印、工业4.0、VR、人工智能、大数据、无人驾驶……就让小明同学代表我们深入体验一下吧！

这篇科幻小说，献给即将到来的科技时代。

2045年9月1日，晴，今天是开学的日子，昔日著名的网红少年小明同学已经长大成人不用再上学了。从小调皮捣蛋整天恶搞老师的他当然没考上大学，进工厂当上了一名工人，他的同桌兼初恋小红大学毕业后去了大洋彼岸，再也没有回来。时间，总会让生活有所改变。

睡懒觉这打小就有的毛病还是没改，已经8点了小明还在床上呼呼大睡。这时他的机器人助理——里托瑞德来到他的床边，用温柔模式播放了一段起床音乐，见小明毫无反应，随即切换到歇斯底里模式，高分贝的声音立马把小明吵醒了。小明嘟囔了一句"你就不能小声点！"，机器人也嘟囔一句，"看来下次直接用高音模式才好使"。

洗漱完毕，里托瑞德已经准备好了早餐，盘子里放着三颗胶囊："白色的里面是蛋白质，红色的是维生素，绿色的是叶绿素。根据我昨晚对你的身体扫描和大数据分析，你的脂肪有点过剩，所以今天少了脂肪那一粒，不过这些已经足够满足你一天所需的能量了。"机器人解释说。"这该死的粉末真是无趣！我还是怀念小时候早上常吃的包子油条和豆浆！"小明不满地说。"那种落后的饮食方式早就已经被淘汰了，你就别独自怀念难以忘却了，现在已经是智慧+的时代，Understand？"。

这机器人啥都好，就是有时候太罗唆。小明赶紧把胶囊放进嘴里，看了看表，该出门上班了。习惯性地与机器人拥抱道别后，小明背着包出了门。

顺便说一下，里托瑞德是小红的英文"little red"的中文标注，给机器人取这个名字，说明小明还是没忘记她，同时也说明小明的英文水平仍然停留在小学时代。

　　小明家所在的街区是地处城郊的一处开放式社区，自从30年前政府提倡建立这样的社区以后，拆墙运动持续了近10年才消停，后来由于生育率下降，渐渐地广人稀，独栋住宅成为了主流，开阔的街区带来了清新的空气，社区也非常宜居。

　　走在路上，隔壁老王家的别墅已经建起来了，几台建筑3D打印机正在不停地打印施工，真快啊，前天老王还在用裸眼3D给我演示房屋的3D设计效果，这里客厅那里卧室，这里摆红木家具那里贴欧式墙纸，今天就已经盖得差不多了。"小明，上班去啊？"老王站在楼上打招呼，"是的"，"早饭吃了吗？""吃过了"，"老王你的腿怎么样了？""好着呢，换了付3D打印的钛合金膝盖，连风湿都没了"。"那你先忙我走了哈"，"好的，再见！"

　　邻居间的闲聊和问候，总会让人觉得温暖和开心。

　　走了一段距离，小明一看表已经8点45分了。"公共汽车已经过点，今天还是开自己的车吧，9点前我还得赶到200公里外的工厂去呢"。这个距离对于小明那辆时速1000公里的Google牌自动驾驶汽车而言，准时赶到根本不是问题。小明叫了一声"小马快来"，他的车就从车库直接开到他的面前了。上车以后小明说了声"上班去"，汽车就自动导航往工厂的方向开。

　　其实国产的阿里和百度品牌的汽车也不错，但小明买车的时候还是优先选了进口的品牌，主要原因是导航定位更准确并且没有推送的广告。自从电商行业消失了以后阿里和百度这两个巨头转型做汽车也做得相当不错，但是爱发广告这个毛病一直没有改。

　　原以为自动驾驶的汽车根本不会存在堵车的问题，但没想到开出10分钟，在高速公路出口堵住了，原因是ETC系统故障改成人工收费了，只要收费站还在，堵车这个问题就没法彻底解决。看着长长的车龙，还剩5分钟了，小明从后座拿出自己的喷气式背包穿戴好，打开车顶的天窗，转眼就弹射出去，半空中小明没忘了对着车喊一声"回家"，剩下的就简单了，车会按照这条指令自动开回家里的车库。

　　等背包落地刚好8点59分，还好没迟到。小明赶紧换好工作服进入车间。小明所在的工厂是一座工业10.0的智慧工厂，根据世界各地不同的需求制造个性化的儿童玩具，从车间直通用户，没有电子商务的中间环节。车间能够自动匹配用户需求和最适合的制造方式，然后指挥各种设备进行制造：数控机床、3D打印机、装配机器人、注塑机等。

　　小明的工作就是跟用户沟通需求并下达生产指令，随机点开一块显示屏，一个南非的孩子正在描绘他想要的生日礼物："我要动物机器人，样子像大象，但鼻子不要太长，会讲各种各样的故事，还要会哭会笑，我哭的时候跟着我哭，我笑的时候陪着我笑"。"可爱的孩子，小时候我也想有这样一个玩具，现在小明叔叔就帮你实现"，小明在屏幕上点了一下，玩具的造型立刻就出现在孩子面前，"对！大概就是这个样子！鼻子再短一点耳朵再大一点！"，随着孩子的话音玩具造型不断地变化……"好了就是这个样子！"，小明看了看最终的造型，原来这孩子需要的其实是一头宠物猪。"价格120美元，2小时后送到，是否下单？"空气中显示出订单的信息。"YES!"，"你没满16岁，需要你的监护人确认一下"，"我确认！"，爸爸在孩子后面大声地说了一声。于是制造指令就传到车间，3D打印机开始启动，从外壳到电路板到芯片都通过3D打印出来，然后用装配机器人组装一下就完工了，整个制造过程仅需要10分钟时间。

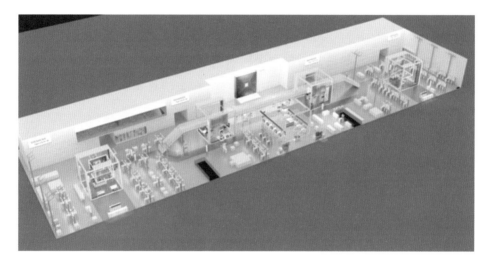

至于从中国到南非这么远怎么确保2小时到货，交给真空子弹胶囊的货运列车就好了，这种列车是几十年前一个叫做"埃隆马斯克"的人发明的，一小时可以开4000公里，距离根本不是问题。

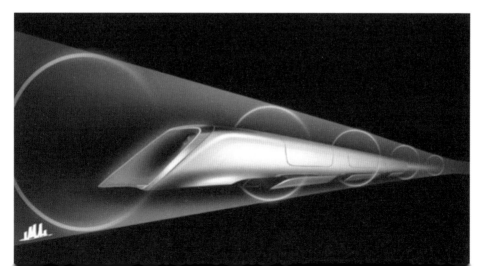

让每个孩子把梦想的礼物变成现实，小明觉得自己的工作很有意义，一上午时间他就帮数十个孩子制造出了他们心爱的玩具。转眼午饭时间到了，吃几颗胶囊费不了多长时间，剩下的时间可以喝咖啡和闲聊，同事张大姐端着杯咖啡走过来，"小明，还单着呢？姐最近认识的几个女孩很不错，啥时候有空姐给你安排相个亲啊"。"谢谢张姐了，我才38还小呢，过几年再说"，小明礼貌地回绝了。对于现在的平均年龄120岁而言，38倒也真算不上大龄青年。

其实小明心里一直住着一个人，这才是他不愿意相亲的根本原因。下班回家了小明关上门，习惯性地打开社交软件，点开那个熟悉的名字问候一声"你好吗？"，那头一如既往地回答"对方离线，有事请留言。"小明无奈地摇摇头，总是不在线，有那么忙吗？还是现在美国的网络管制得太厉害老是掉线？你就不会翻墙啊！

这时候空气中出现了老爸老妈的影像："明明你最近好吗，你都好些日子没回家了，下次抽空回来看看。"老爸给小明打招呼。"最好能带个对象回来。"老妈补充一句。"都什么年代了还催婚！"小明有点恼火，"知道了！最近比较忙，下礼拜回家看你们。"小明看着头发渐白的父母，也不禁有点想家了，虽然全息的影像能够彼此面对面交流，但是总觉得少了点什么。

跟父母聊完天夜已深了。回想这一天，小明不禁生出一些感慨。"其实越多的科技我们越孤独"，小明把社交软件的签名改成这一句。"小时候的时光真是让人怀恋啊，如果能回到小时候就好了"，想到这里，小明兴奋地站了起来，下个月不是有年假吗？我就不参加星际旅行去火星那个不毛之地捡钻石了，反正我没有女朋友也用不上。还是参加时光旅行穿越回 2016 年吧，早上吃两个包子，还可以喝杯豆浆，到了学校，小红就坐在我身旁……

这时候小明突然觉得脸疼，有个声音在呵斥："快起床了，再不起来上学又迟到了！"

《全书完》

参考文献

【美】迈克尔.格里夫斯著产品.生命周期管理.褚学宁译.北京：中国财政经济出版社，2007.

【德】乌尔里希.森得勒主编.工业4.0——即将来袭的第四次工业革命.邓敏，李现民译.北京：机械工业出版社，2015.